日本新建築 SHINKENCHIKU JAPAN **中文版 29**

（日语版第 90 卷 11 号，2015 年 8 月号）

集合住宅改造设计

日本株式会社新建筑社编　肖辉等译

主办单位：大连理工大学出版社
主　　编：范　悦（中）四方裕（日）

编委会成员：
（按姓氏笔画排序）
中方编委：王　昀　吴耀东　陆　伟
　　　　　茅晓东　钱　强　黄居正
　　　　　魏立志
国际编委：吉田贤次（日）

出 版 人：金英伟
统　　筹：苗慧珠
责任编辑：邱　丰
封面设计：洪　烘
责任校对：寇思雨　李　敏

印　　刷：深圳市福威智印刷有限公司
出版发行：大连理工大学出版社
地　　址：辽宁省大连市高新技术产
　　　　　业园区软件园路 80 号
邮　　编：116023
编辑部电话：86-411-84709075
编辑部传真：86-411-84709035
发行部电话：86-411-84708842
发行部传真：86-411-84701466
邮购部电话：86-411-84708943
网　　址：dutp.dlut.edu.cn

定　　价：人民币 98.00 元

CONTENTS

日本新建筑 中文版 29

目录

夏目坂空间

设计　武井诚+锅岛千惠/TNA
施工　井户铁建
所在地　东京都新宿区
BETWEEN NATSUMEZAKA
architects: MAKOTO TAKEI + CHIE NABESHIMA / TNA

从南侧一览夏目坂。租户和业主的房间设置在柱梁框架中。能够看到的上部空间为业主的住处。将来会对前方的道路进行扩建（参照3项区域图），该项目修建时就已考虑到将来扩建道路时会拆迁部分建筑

前方道路侧面视角。右侧正对房间1（外租），左侧楼梯上为房间2（复式公寓结构，两层为同一住户），右侧楼梯上为业主餐厅，也作玄关使用

1层的房间1，顶棚高度为4140 mm，未安装照明设施。柱梁内部装有配线。房间采用反射照明模式

区域图　比例尺 1:1200

建筑与街景融为一体

　　该建筑位于夏目漱石故居所在地夏目坂坡道的中心地带。漱石晚年执笔的散文《玻璃门内》描绘了这一带往昔的景象：坡道周围的个体商店和寺庙紧密排列，流镝马的队伍阔步行走于坡道之上。坡道两侧，一座座双层木结构建筑和靴形公寓（指双层建筑的底层与向内收缩的顶层部分整体呈靴子形）鳞次栉比地排列。现如今整整有一半的建筑用地都被划入到了城市规划道路的范围当中。大家可

1层房间1视角。与街道相连，是一个容许多种生活方式的居住场所

以想象一下经整改后的全新道路和新大街将会是何种景象。

　　可以说该建筑一半属于私人空间，一半属于公共空间。我们曾考虑能否在目前的用地上设计出这样一座建筑，即使将来拆掉其中一部分也不会影响到它与周边设施的关系，或者当周边建筑物的形态发生变化时，它也可以很好地融入新的环境中去。

　　将涉及城市规划道路的部分设计成便于将来拆迁的立方体框架，其空间内部铺设了地板，可供

人们居住。外租阳台既连接着主建筑又与通道相接，顶层的卧室是一个视野开阔的眺望台。高度各异、仿佛悬浮于空中的地板与街景相映成趣。

　　这栋建筑包含了不同的内外空间。比如，建筑用地与城市规划道路、外租部分与私有部分、支柱与横梁、因层数不同而形成的高低空间、内部房间与外部阳台、天花板与挑檐等，这些空间的内外分界趋于融合。也正是东京这样一个半新半旧的空间，聚集了众多无主次之分的建筑。正如夏目漱石

在《玻璃门内》描绘的那样，建筑能够向我们展示变迁中的城市的面貌。

（武井诚 锅岛千惠）

（翻译：吕方玉）

业主餐厅视角。右侧内部为客厅。爬上楼梯后可见储藏室，右上方为卧室。卧室左边是书房。楼层地板选用轻量气泡混凝土预制板

储藏室地板。从该视角可见里侧卧室

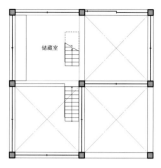

图1 GL+8490 mm平面图

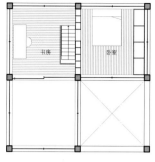

图2 GL+10540 mm平面图

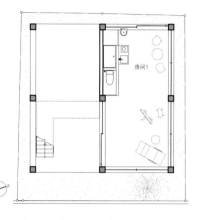

图3 GL±0平面图 比例尺1:200

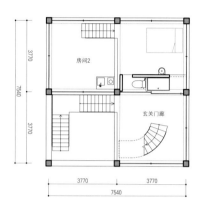

图4 GL+4390 mm平面图

图5 GL+6630 mm平面图

所在地：东京都新宿区
主要用途：公共住宅
所有人：个人

设计
建筑：武井诚 锅岛千惠/TNA
负责人：武井诚 锅岛千惠 盐入勇生
结构：小西泰孝建筑结构设计
负责人：小西泰孝 圆酒昂

施工
建筑：井户铁建
负责人：井户功诚 樋渡胜
钢制建筑用具：武藤工业
负责人：武藤光一
家具：逸见木工所
负责人：吉桥诚

规模
用地面积：89.41 m²
建筑面积：56.85 m²
使用面积：162.86 m²
1层：47.64 m²/2层：56.86 m²
3层：29.93 m²/4层：28.43 m²
建蔽率：63.59%（容许值：70%）
容积率：177.12%（容许值：400%）
层数：地上4层

尺寸
最高高度：12 650 mm
房檐高度：12 590 mm
层高：2110 mm~4390 mm
顶棚高度：1940 mm~4145 mm
主要跨度：3770 mm x 3770 mm

用地条件
地域地区：第1种居住地区 第3种高度地区
城市规划区域内 防火区域
道路宽度：东11.12 m

结构
主体结构：钢结构
桩·基础：钢管桩

设备
空调设备
空调方式：热泵式
热源：电力
卫生设备
供水：自来水管直接供水方式
热水：燃气供给方式
排水：雨水、污水分流方式
电力设备
供电方式：1回线供电方式
防灾设备
消防：消防器
其他：紧急照明 家用火灾报警器 避难梯

工期
设计期间：2013年6月~2014年3月
施工期间：2014年4月~2015年2月

外部装饰
屋顶：FRP防水材料
外墙：日丸产业

内部装饰
墙壁·顶棚：joint V

主要使用器械
家具制作（餐桌&沙发）：PLATZ
负责人：中村孝太郎 中村香奈子
照明制作（聚光灯·吊灯）：Lighting Crew
负责人：佐藤久仁雄
植被栽种：SOW atelier 负责人：五十岚明绪
卫生器具：Tform INAX TOTO
烹饪器具：Electrolux Panasonic

租金·单元面积
户数：2户
住户可用面积：28.42 m²
租金：个人办公住宅 14 000日元
事务所·店铺（税前）：155 000日元
（管理费5000日元）

——摄影：日本新建筑社摄影部

房间2右侧可见外部楼梯，可从前面拉门进入。左侧为住户内部楼梯

武井诚（TAKEI·MAKOTO/左）

1974年出生于东京都/1997年毕业于东海大学工学系建筑专业/1997年成为东京工业大学研究生院塚本由晴研究室的研究生并加入Atelier One/1999年就职于手塚建筑研究所/2004年创立TNA

锅岛千惠（NABESHIMA·CHIE/右）
1975年出生于神奈川县/1998年毕业于日本大学生产工学系建筑专业/1998年就职于手塚建筑研究所/2004年创立TNA/现任法政大学客座讲师

关于该项目，委托人希望能够达到以下三点要求：一是，建造一处能够让街道风景更具魅力的住宅；二是，相较于成为租户，更希望成为房东；三是，希望此处可以让住户尽情地放飞创作灵感。委托人夫妻双方对东京街道的魅力诠释有着他们独特的见解，他们费尽心思挑选地块，最终选定夏目坂来实现他们的三个愿望。由于该地块处在城市规划道路的

范围之内，所以非常清楚此处的建筑在今后将会如何发展。但是，这个看上去让人匪夷所思的想法却不仅仅是委托人的追求。无论是建造集合住宅，还是建造其他任意一种建筑，我们都应该思考这样一个问题：个体的建筑行为究竟会对社会做出怎样的贡献？虽然规模不大，但是通过建筑可能会使我们发现个体与公共之间存在的魅力。这对设计师来讲意义重大。如今，该建筑已经竣工，而这对夫妻对建筑的独特理解，也使得周围环境发生了很大的变化。例如周边住宅墙壁

的整修、临近房屋经内部调整后成为公用空间等等。
在东京夏目坂修建住宅的夫妻二人期待着能够因此增进人与人之间的联系，并希望这栋建筑可以使整条街道的风景焕然一新。

（武井诚　锅岛千惠）

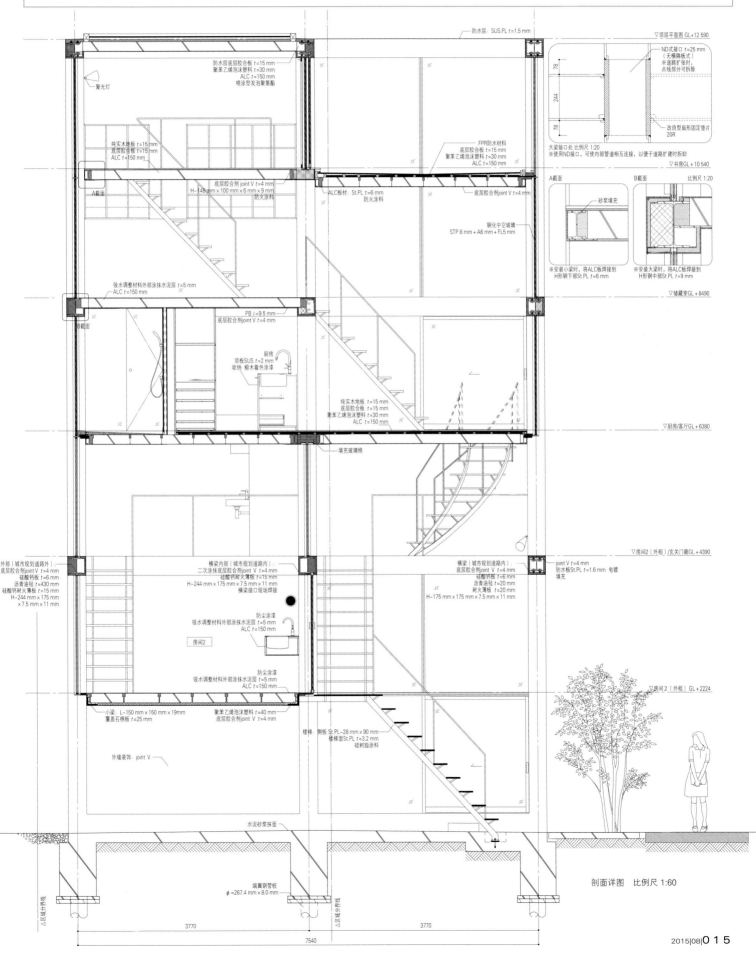

剖面详图　比例尺 1:60

斜坡风景中与山体相连且拥有

杂木林连层长屋　宫胁町GREENDO

设计　长田庆太建筑要素
施工　植原建设
所在地　香川县高松市
MIYAWAKI GREENDO
architects: KEITA NAGATA ARCHITECTURAL ELEMENT

宮りんど
脇町く

西侧视角。该长屋位于香川县高松市，共5栋7户。建在高度差约17.5 m 的斜坡上。沿着斜坡的倾斜面，在比较平缓的地面上修建房屋，使其融入连绵不断的山势美景当中。该项目利用至今约有十年之久的建筑物的基础部分，以尽可能减少对上地景面的改造

西侧视角。远处可眺望到香川县厅

每家屋顶即为上方住户的庭院。泥土庭院内铺满草坪,可种植麻栎、枹木等这些生长在后山的植物

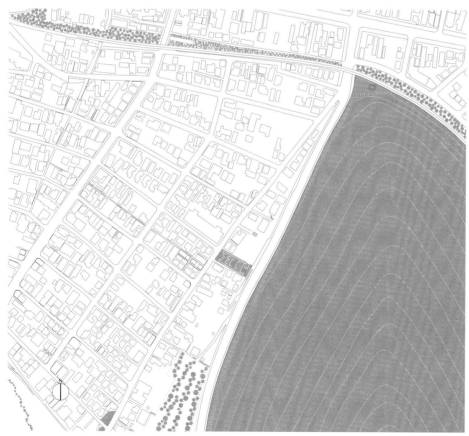

区域图　比例尺 1:5000

西北侧外观。该建设用地位于住宅区与山峦交界处的倾斜地面上。
在厚度为250 mm的岩石上方铺设100 mm～350 mm的土层，
长有植被的地方甚至会铺设厚度约为600 mm的土层

林之2号房。阳台视角。室内地板与阳台地板高度一致，两者之间相通，因此阳台和室内在视觉上连成平庭院，新绿季节可以看到盎然绿色，同时还可逐渐倾听那康化的声音，以便注入人情趣

林之1号房。从房间2透过LDK（指客厅、餐厅和厨房所构成的一体空间）看向室外。顶棚高度为2350 mm。上方共建有3户（林之1号、林之2号、森之1号），其跨度约为8.5 m。为了使顶板能够承受住上层的负荷，在木质窗框内安装钢架（100 mm×50 mm×3.2 mm），配有纱窗

平面图　比例尺1:300

剖面图　比例尺 1:300

太阳能板 太阳能集热板

森之1号
书房

林之2号
房间3

林之1号
卫生间

玄关

林之3号
浴室

玄关

木之1号
浴室

玄关

停车场

山峦与街市

宫胁町二丁目已历经多次修整。住宅区房屋呈阶梯状分布，其一端原本是警察宿舍，经拆迁后将近十年无人问津。在长度为40 m、倾斜度约30°的斜坡上修建房屋，其不仅规模大且预算也高。此外，若计算方面稍有误差，大自然的力量就能瞬间动摇建筑根基。此时，地基的不稳定使我们不得不意识到人类并不是万能的，这种自然地形所潜藏的神秘力量有时会让人束手无策。

山峦被山路隔开，仿佛在有意地拒绝街市一般。虽然建筑能够自然而然地与街市融为一体，但却无法融入山峦，也无法在山峦中建设街市，在这样一个毫不起眼的地方，如果能将二者结合，将会达到意想不到的效果。

惬意的杂木林

杂木林让人觉得非常惬意、舒服。林中的树木、流水、生物等多重关系相互交织，达到融合。树枝上，落叶下，各种生物在这多重空间中寻找着属于自己的归宿。正因为这种密切关系的存在，才使得该地方的性质变得多元化，进而使杂木林中的土地与多重空间能够自然而然地越过边界延伸到彼此的领域。杂木林并未完全覆盖这片大地，也未将此处的空间分割开，而是在斜坡上悄然生存，进而伸入到岩盘地基。从杂木林缝隙中解放出来的土地就是屋顶绿化的起点。杂木林与大地相连，生态系统自成一体，落叶等可在自身领域内进行分解，地下水源可满足其生长需求。杂木林融入大地这一自然领域中，并在它停留的地方不断地积累和成长。

与自然共存

不论自然与人类，还是建筑与街道，根据不同的情况，其循环过程中不仅包括了索取、选择和接受帮助，还包括接触、包容、承受、还原等。考虑这点，我们有必要掌握最根本的方法论。在生物与植物生存的领域中，我们应该设计出一个适合两者共存的中间区域。自然的力量有时会突然造访，让微不足道的人类意识到自身在自然界中所扮演的角色。雨水、野草、落叶、动物等置身于微小的领域与循环中，承受着大自然的力量。而这种承受大自然力量的形式，不仅仅是驾驭自然，更是在这个过程中不断地相互融合、更新、积蓄能量，并朝着未来的方向不断前进。

（长田庆太）（翻译：王小芳）

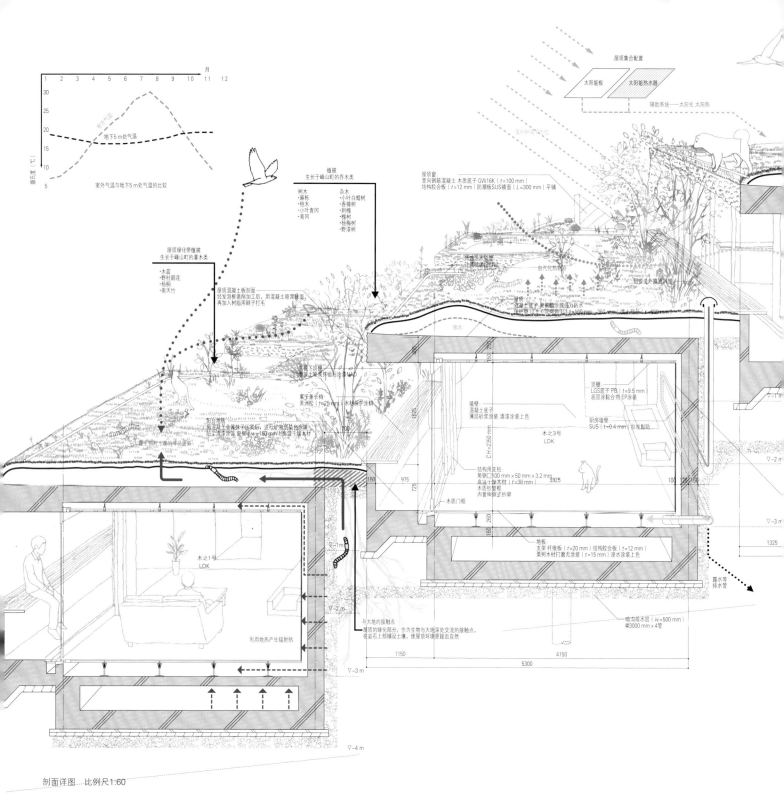

剖面详图 比例尺1:60

左：林之1号房，LDK / 中：木之2号房。与开有大口的LDK不同，单间、玄关、用水场所像似埋在地下的洞穴
右：浴室。自然光从天窗射入

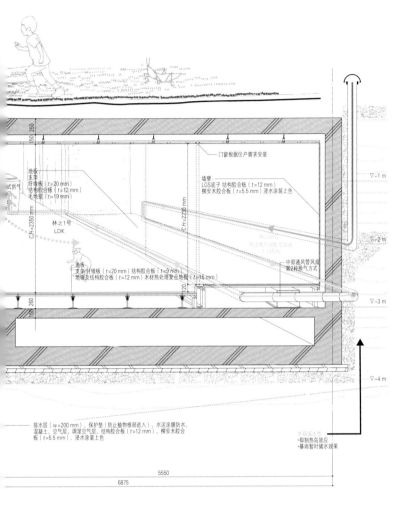

门窗根据住户需求安装

墙壁
LGS底子 结构胶合板（t=12 mm）
榉安木胶合板（t=5.5 mm）浸水涂装上色

地板
支架
容墙板（t=20 mm）
结构胶合板（t=12 mm）
毛面板（t=19 mm）

CH=2350 mm

林之1号
LDK

地板
支架纤维板（t=20 mm）结构胶合板（t=9 mm）
地暖及结构胶合板（t=12 mm）木材热处理复合地板（t=15 mm）

中部通风管风扇
第2排换气方式

排水层（w=200 mm）、保护垫（防止植物根部进入）、水泥涂膜防水、
混凝土、空气层、调定空气层、结构胶合板（t=12 mm）、榉安木胶合
板（t=5.5 mm）、浸水涂装上色

热岛效应性
·抑制热岛效应
·暴雨暂时储水效果

5550
6875

∇-1 m
∇-2 m
∇-3 m
∇-4 m

■气流解析及模拟室内气温变化

〈解析条件〉
解析软件：Flow Designer（Advanced Knowledge研究所）
离散化手法：有限体积法
解析方法：恒定解析

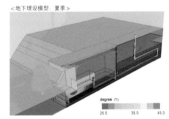

<地下埋设模型：夏季>

	地下埋设模型			地上外露模型		
	最低	最高	平均	最低	最高	平均
夏季（8月1日 13时）	27.6	29.1	28.2	41.2	42.2	42.0
冬季（1月1日 5时）	8.4	9.7	9.1	7.6	7.6	6.9

※地板上 h=1.5 m的温度分布
※包含热冷却管换热效果
※不包含空调器械效果
※阔叶树木呈枝叶繁茂状

degree（℃）
25.0 35.0 45.0

地下温度保持在15℃左右。地上外露模型与地下埋设模型中，在无阳光照射的冬季深夜气温为+3℃，而有阳光照射的夏季白昼气温为-14℃。可起到隔热材料达不到的冷却与保温效果。从结果上看，气温高低还会受到周围植物与水分的影响。

所在地：香川县高松市宫胁町
主要用途：长屋
所有人：个人

设计
建筑·监理：长田庆太建筑要素
　负责人：长田庆太
结构：OHTANI建筑设计事务所
　负责人：大谷彰洋
设备：板见设备设计事务所
　负责人：板见孝太郎
　富山设备设计
　负责人：富山诚任

施工
建筑：植原建设
　负责人：植原毅　植原英之
空调·卫生：后藤设备工业
　负责人：后藤真一郎　马越崇
电力：A-TECH　负责人：河西辉延
土木：村尾建设
模板：高木组
金属制材料：岩本玻璃
瓦匠：奈良工业
木质材料：SUNCRAFT
家具：中村谷
涂装：北口涂饰
住宅设备：N-PLUS
植被：山地绿化中心
LOGO·SIGN：住野真纪子设计室　槙塚铁
　工所

规模
用地面积：671 m²
建筑面积：347.84 m²
使用面积：344.58 m²
1层：344.58 m²
建蔽率：51.84%（容许值：60%）
容积率：51.35%（容许值：100%）
层数：地上1层

尺寸
最高高度：6500 mm
房檐高度：5800 mm
层高：2900 mm
顶棚高度：2350 mm

用地条件
地域地区：第1种中高层居住专用区　日本
　《建筑基准法》第22条规定区域
道路宽度：东18.755 m　西5.511 m
停车辆数：5辆

结构
主体结构：钢筋混凝土结构
桩·基础：表层改良的板式基础　一部分钢管
　桩并用

设备
环保技术
太阳能板　太阳能热水器　屋顶绿化
地热辐射热利用

空调设备
空调方式：气冷热泵空调

卫生设备
供水：加压供水方式
热水：太阳能加热　燃气供给方式
排水：公共下水道分流方式

电力设备
供电方式：低压供电方式
设备容量：木型房：2164 kVA
　　　　　林型房：5212 kVA
　　　　　森型房：6843 kVA

防灾设备
防火：自动火灾报警设备
排烟：自然排烟
特殊设备：太阳光发电设备　太阳能热水器设备
　温水式地暖（林型房、森型房）

工期
设计期间：2011年6月～2012年9月
施工期间：2012年10月～2014年1月

主要使用器械
厨房：木型房：SANWA COMPANY
　　　林型房：LIXIL
　　　森型房：家具工程制作
浴池：木型房：SANWA COMPANY
　　　林型房：LIXIL
　　　森型房：TAKESHITA AXA Soft Bath

租金·单元面积
户数：7户
住户可用面积：30 m²～90 m²
租金：66 000日元～135 000日元

——摄影：日本新建筑社摄影部

左：公用部分视角。该建设用地旁的山路被修成公用台阶。未设置栅栏等阻碍视线。公用部分和私人部分的划分仅依靠杂木林的排列、台阶高度差和植被
右：夜景。夜晚可从杂木林缝隙中感知人们生活的点滴

长田庆太（NAGATA·KEITA）
1975年出生于香川县/1998
年毕业于成蹊大学法学院/
2000年至今就职于不二
Ado/2003年成立长田庆太
建筑要素公司

打造更舒适自在的小区生活

"小区未来"建设项目之洋光台中央小区广场改建

设计监修　隈研吾建筑都市设计事务所
整体企划　都市再生机构
设计　MINOBE建筑设计事务所
施工　RENO·HAPPIA（外墙修缮）

所在地　神奈川县横滨市矶子区
DANCHI NO MIRAI PROJECT
architects: KENGO KUMA AND ASSOCIATES

东南方向视角。第一期工程为外墙修缮。露天室外机放置处铺设木纹板，公共设施中心主色调为原木色调。中央小区广场的改建工程于2016年动工。右前方为洋光台车站

外墙修缮

室外机上树叶纹路铝制板仰视视角。3 mm厚的铝制板上印制树叶纹路

广场视角

改建前墙壁

图片提供：隈研吾建筑都市设计事务所

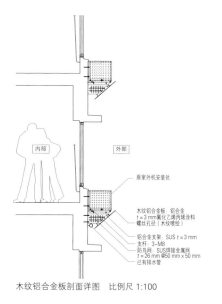

木纹铝合金板剖面详图　比例尺 1:100

图中标注：
内部　外部
原室外机安装处
木纹铝合金板：铝合金
t = 3 mm氟化乙烯丙烯涂料
螺丝孔径（木纹喷绘）
铝合金支架：SUS t = 3 mm
支杆：3-M8
防鸟网：SUS焊接金属网
t = 26 mm @50 mm × 50 mm
已有排水管

所在地：神奈川县横滨市矶子区洋光台
主要用途：小区广场、店铺
所有人：都市再生机构
设计
设计监修：隈研吾建筑都市设计事务所
　　负责人：隈研吾　横尾实　虎尾亮太
　　中原拓海
整体企划：都市再生机构
　　负责人：尾神充伦
建筑：MINOBE建筑设计事务所
　　负责人：蓑部和人　妹尾顺一　长谷川清
工期
设计期间：2013年12月～
施工期间：外墙修缮：2014年8月～2015年3月
　　广场改建：2016年开工

外墙修缮
施工
建筑：RENO・HAPPIA
　　负责人：渡边清彦　黑泽政希
规模
用地面积：36 605.15 m²
建筑面积：8395.66 m²
使用面积：57 600.08 m²
规模
用地面积：4046 m²（广场面积）
建筑面积：962.26 m²
使用面积：976.01 m²（仅连廊部分）
1层：771.32 m²/2层：204.69 m²
层数：地上2层
尺寸
最高高度：7500 mm

房檐高度：1层：3700 mm
　　　　　2层：2430 mm～3430 mm
顶棚高度：1层：3390 mm
　　　　　2层：2300 mm～3300 mm
主要跨度：5400 mm×3700 mm
结构
新建拱廊：钢筋结构
——摄影：日本新建筑社摄影部（特别标注除
　　外）

广场改建

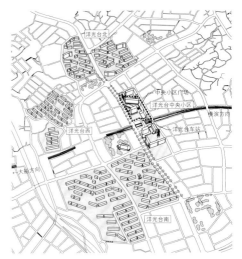

区域图 轴测投影图

打造轻松自在的小区

都市再生机构为日本的飞速发展做出了重要贡献。该机构将通过"小区未来"项目首期工程打造更加柔和、更适合少子高龄化社会的集合住宅区（项目于2015年3月启动，项目总监：佐藤可士和，设计总监：隈研吾）。

洋光台小区鳞次栉比的钢筋混凝土箱式建筑是日本经济飞速发展时期的小区标志。洋光台小区坐落于可以眺望横滨海的小山丘上，整个地区面积广阔。"小区未来"建设项目旨在将洋光台小区打造成富有自然气息的温馨住宅地，并希望可以以此一改全国（日本）小区风貌。

在洋光台的广场上增建顶棚，庇护室外活动空间，并使用回收材料对地面进行重新铺装。在此基础上增建家用办公设施、非营利性设施和福利设施等。原有住宅楼外安装木纹铝合金板，巧妙隐藏室外机，可消除混凝土的冰冷感觉，展现原木自然柔和的视觉效果。

除了"室外空间"建设和"木纹"构想之外，我们还计划着手其他相关建设。这将是一场建筑盛会。

（隈研吾）

上：广场俯瞰图（模拟照片）。2层水平面位置建造向广场的突出屋檐，打造立体室外公共空间。更换路面铺设方式，减缓坡度
下：广场看向走廊视角（模拟照片）。我们计划用木色调薄板来制作街道公示牌和长椅、花架等室外用品，以提升室外环境的吸引力（两张图片提供：隈研吾建筑都市设计事务所）

隈研吾（KUMA · KENGO）
1954年生于神奈川县/1979年毕业于东京大学建筑系研究生院/1985年~1986年任哥伦比亚大学客座研究员/1990年成立隈研吾建筑都市设计事务所/2001年担任庆应私塾大学教授，现任东京大学教授

尾神充伦（OGAMI · MITUNORI）
1961年出生于岐阜县/1986年毕业于东京理工大学理工学院建筑系/曾就职于建筑公司，自1997年起就职于都市再生机构/2012年4月起担任洋光台小区负责人

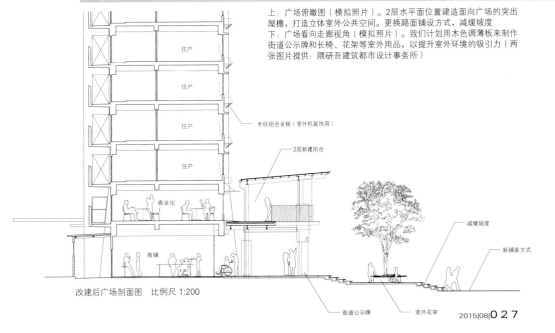

改建后广场剖面图 比例尺 1:200

"小区未来"建设从洋光台开始

上西郁夫（都市再生机构理事长）、隈研吾（建筑师）、佐藤可士和（建筑设计师）

左起分别是隈研吾、上西郁夫、佐藤可士和，背景为佐藤设计的本次项目的标志（LOGO）

都市再生机构于2015年3月26日就"小区未来"项目计划召开了记者发布会。准备进一步推进于2011年12月启动的洋光台版"文艺复兴"计划。制定该计划的都市再生机构设计总监隈研吾先生和项目总监佐藤可士和先生就该项目的启动原因和目的分别表述了意见。

上西郁夫（以下简称"上西"）：都市再生机构的前身就是日本住宅公团，成立于1955年（昭和30年）。目前，日本全国共有大约1700个小区、75万套住宅。但其中一半以上都建于昭和四五十年代，居民的高龄化和住宅设施的老化都成了亟待解决的问题。就日本目前的情况来看，全国有820万户无人居住住宅。我们必须考虑小区的长远发展，尽快采取措施实现改建。该小区结构稳固，可持续使用百年之久，周围环境优美，绿树成荫，实属城市中难得的宝地。在日本经济从成长到成熟的过渡时期，我认为项目建设的重点在于继续传承小区这一建筑形式。2011年，我们以横滨市郊外的洋光台小区为"小区未来"改建示范点，启动了洋光台版"文艺复兴"计划。并以隈研吾先生、佐藤可士和先生为代表的各界有志之士为顾问，召开了意见会，还联合行政部门、地区居民和地区会议小组等组织进行了全方位的讨论。

佐藤可士和（以下简称"佐藤"）：小区住宅内部结构不同于普通住宅，形成了日本特有的生活文化。而今，随着社会的不断发展、老龄化问题不断凸显，一种全新的生活方式已经到来。

作为洋光台版"文艺复兴"项目顾问，近两年来，我和各位一样也一直在思考小区的建设问题。我们开展的每一次讨论都收获颇丰。隈先生提议以区域与人际、生产与消费的关联性来开展计划；而东京大学的大月敏雄建议该项目的重心应在于借此良机实现申遗；千叶大学的广井良典则认为应重点实现分工生产和生活沟通的平衡关系；社会学者上野千鹤子认为应该构建有利于生儿育女的宜居环境；横滨市的信时正人认为洋光台发展可借鉴横滨市打造环境最前沿城市的发展战略。可谓是百家争鸣的繁盛景象。

上西：基于以上各方意见，就有了本次的"小区未来"建设项目。隈先生担任本次项目的设计总监，佐藤可士和先生担任项目总监。前者表示他将设计出适应新时代生活方式的建筑空间，后者的提议是凸显小区的凝聚力和地区生活特色。我相信我们可以打造出一种全新的住宅体验和一种非凡的地区生活方式，这一定可以给社会发展带来极大的影响。

隈研吾（以下简称"隈"）：可以说小区这种住宅形式曾为日本的飞速发展做出了重大贡献。我们的项目不仅旨在进行小区的改建，还应立足于为整个日本的振兴添砖加瓦。

实地考察洋光台小区之后，我被设计者极富灵活性的设计深深震撼。独特的视角，巧妙的布局，整个设计极具时代潮流感。不仅如此，流畅的动线设计也让人觉得不可思议，居室的存在给我们以改建咖啡屋的启发。我不禁连声称赞。可士和先生也连连称赞"真的太棒了"。这足以证明设计得确实很棒（笑）。就这样，在大家的踊跃参与下，我们的项目开始了。

我们的项目建设计划从翻新广场周围开始，并计划使用加工过的旧材料来修建环绕广场的连廊。我们进行的只是改建翻新工作，而不是突然掀起一场翻天覆地的变革。

木纹板可以改善原有室外机的视觉效果，而连廊、路灯、长椅，这样的设施不像快速建成的钢筋混凝土箱式建筑一样冰冷，会给人柔和、温馨之感。我们计划把房屋外延建设像像回廊一样相连的楼梯，再把1层打造成咖啡屋，2层建成商店或书店，以此活跃整个广场的氛围。

佐藤：我认为若想使小区更符合现代意义，仅仅改变住户室内环境是不够的，必须要从各个方面重新定义小区生活。我们的项目并不是要消除小区劣势，而是要进一步扩大其优越性，使其成为一种令人瞩目的"品牌文化"。首先，我们准备从小区原有的"聚合力"上下功夫，如小区作为众多人口汇集区域，火灾的安全防范问题不可忽视。小区外围空间十分宽敞，可以采取因地制宜的防火防灾方式。其次，我们准备建设向公众全面开放的图书馆，并希望通过这样的非营利性设施来促进整个小区的交流。还可以通过小区来估计电动汽车的市场占有率，并以此来调整整个日本的汽车结构。通过这样的改建方式把小区特有的广阔性、聚合性等优越性尽可能发挥到极致。我希望隈先生能把这种想法纳入到他的空间设计中。

小区居民的老龄化问题也是整个日本社会所面临的问题，我们应该想出积极的应对之策。我们的项目之所以叫"小区未来"项目，意在凸显该项目的长远性和前瞻性。这一点可以吸引更多的人参与其中，为项目的建设出谋划策，更有利于促进项目的发展。

我认为，这将成为一次壮举。我们准备以洋光台这一示范点来探索日本的未来居住方式。还专门设计了标志（LOGO），通过该标志来体现该项目的全民参与性，并努力把项目本身打造成一种"品牌文化"。

隈：如果能把这种创意宣传到世界各地，肯定会吸引不少外国游客前来参观。希望我们的项目至少能达到这样的效果。

（2015年3月26日于SYNQA　文字：日本新建筑社编辑部）

（翻译：林星）

保土谷车站前小区修缮
提升附加值

设计监修　木下庸子＋设计组织 ADH＋IFOR LIGHTS
整体企划　都市再生机构
设计　九段建筑研究所　爱造园设计事务所
施工　IZUMI CONSTRUCTION　昭和造园
所在地　神奈川县横滨市保土谷区
RENOVATION OF THE HODOGAYA EKIMAE HEIGHTS HOUSING
architects: ADH + FOR LIGHTS

1号楼俯瞰广场。改建保土谷车站前的只有两栋楼的小区，因在通过
修缮外墙和共用部分来改善环境，尤其是建筑、景观、照明等。我们
计划保留已有的三棵树，铺设条纹状地板，放置盆栽和长椅。车辆紧
急出入口设置在广场内

新建顶棚下看向广场视角。地势无高低差，店铺与广场可形成一体化。照明设备齐全，夜晚也可闲坐长椅

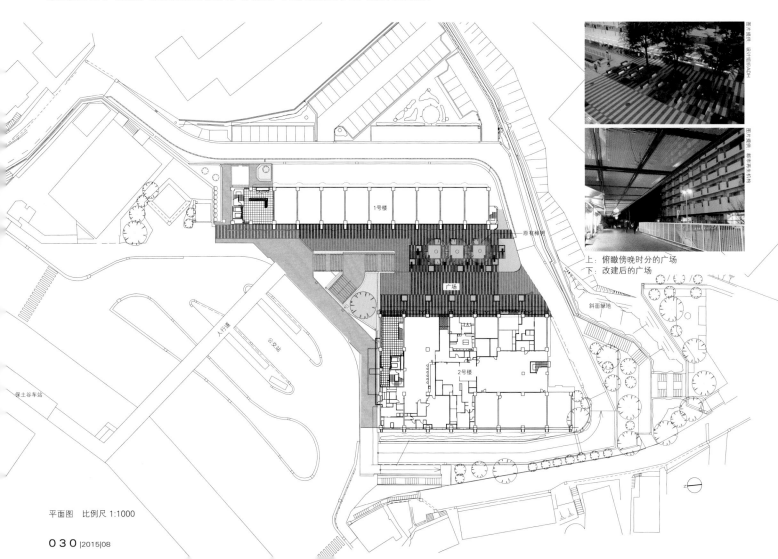

上：俯瞰傍晚时分的广场
下：改建后的广场

平面图　比例尺 1:1000

左：1号楼共用走廊傍晚景观。灯光洒满地面，柔和温馨/右：车站方向小桥视角，侧面外墙呈灰色调

通过综合修缮来提高附加值

保土谷车站前方的住宅区离市中心较近，主要包括建于33年前的两栋11层高的住宅楼。低楼层区有商店和无障碍设施，住宅区的布局和设施等的修缮工作始于几年前，但本次改造更加彻底，包括共用部分的改建。建筑、照明、景观等也被纳入了考虑范围。此外，本次修缮工作不仅有利于提升小区附加值，也有利于提升车站附近的公共空间环境。

我们希望庭院广场可以为车站往来人员或途经此地的步行者带来便利。传承小区历史、保留人们生活记忆十分重要，所以，我们在翻新过程中保留了三棵榉树。经过修剪设计后，这些树成了广场里一道独特的风景，树下放置乘凉长椅，旁边再添上多彩盆栽，整个广场就成形了，当然，还包括紧急通道。坡度减缓后店铺外就有了宽阔的室外空间。在车站的大道上放眼望去，映入眼帘的便是小区两栋楼的墙面，我们通过灯光设计来打造独特的墙面效果。大道方向最吸引人眼球的是1号楼，照明设备安装在公共走廊弯曲状的聚碳酸酯板上，在夜晚，灯光十分迷人。2号楼各层电梯空间的整个墙面都安装照明设备，到了夜晚，如同灯笼一样照亮人们前行的道路。

（木下庸子）

（翻译：林星）

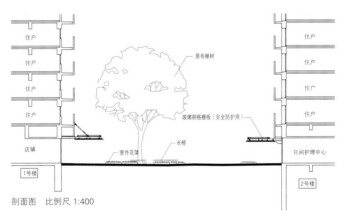

剖面图 比例尺 1:400

共用走廊视角。聚碳酸酯板上安装照明装置

所在地：神奈川县横滨市保土谷区岩井街
123-2
主要用途：集合住宅
所有人：都市再生机构
设计
设计监修：设计组织 ADH
　　负责人：木下庸子　山内影子
　　照明：负责人：稻叶裕
　　ONSAITO策划设计事务所（大体景观
　　设计）负责人：长谷川浩己
整体企划：都市再生机构
　　负责人：新谷依子（建筑）
　　　　　　杉山薰美（景观）
建筑：九段建筑研究所
　　负责人：内海幸夫　齐藤敦
结构：九段建筑研究所
　　负责人：松井正敏
设备：秀设备设计咨询顾问
　　负责人：土屋正夫
景观：爱造园设计事务所　负责人：桥本明浩
施工
建筑：电工：IZUMI CONSTRUCTION
　　负责人：三户正志　驹田典保
景观：昭和造园
　　负责人：井桁正博　尾崎泰史

规模
用地面积：10 285 m²
建筑面积：2171 m²
使用面积：17 303 m²
使用面积：21 256 m²
标准层：1843 m²（1、2栋）
建蔽率：21.11%（容许值：60.89%）
容积率：168.23%（容许值：156.67%）
　　　　（横滨市街道地区环境设计制度）
层数：地下1层 地上11层 塔屋1层
尺寸
最高高度：31 000 mm
房檐高度：30 800 mm
层高：住宅层 2600 mm～2750 mm
主要跨度：6500 mm×9300 mm
用地条件
地域地区：第2种中高层居住专用区　近邻商
业区　防火区域
日本《建筑基准法》第22条规定区域
第3种高度居住专用区　第6种高度居住
专用区
道路宽度：东8.35 m　西6.2 m　北19.35 m
结构
主体结构：钢架钢筋混凝土结构
桩·基础：直接基础（独立基础）

工期
设计期间：外墙修缮：2011年1月～2012年3月
　　庭院改建：2012年3月～2013年1月
施工期间：外墙修缮：2012年12月～2013年
　　10月
庭院改建：2013年9月～2014年9月
　　——摄影：日本新建筑社摄影部（特别标注除外）

木下庸子（KINOSITA·YOUKO）
1956年生于东京都/1977年毕业于斯坦福大学/1980年取得哈佛大学硕士学位/1981年～1984年就职于内井昭藏建筑设计事务所/1987年设立设计组织ADH/2005年～2007年担任都市再生机构都市设计小组组长/自2007年起担任工学院大学教授

稻叶裕（INABA·YUTAKA）
1955年出生于神奈川县，1980年就职于LD YAMA-GIWA研究所/1990年加入LIGHTING PLANNERS ASSOCIATES/2005年成立FOR LIGHTS，并担任法人代表/之后任日本国际照明设计师协会会长、上越市景观顾问、法政大学研究生院设计工学院外聘讲师

新谷依子（SINTANI·YORIKO）
1966年出生于广岛县/1992年取得神户大学硕士学位，后加入都市再生机构/2014年起任日本租赁住房本部设计部STOCK设计第二小组负责人

高效壁橱组合功能

3636 +（双倍加）

策划·设计 东急手创馆+都市再生机构
提高地区附加值 都市再生机构+UR联合
施工 日本综合住生活
所在地 神奈川县横滨市金泽区
3636+
architects: TOKYU HANDS +UR

东急手创馆与都市再生机构合作改造壁橱，提高利用率。六大功能构成三类组合，图中为C类组合，即有床、大型收纳柜、桌子等多功能的组合

B类组合指具有两张桌子空间的双桌组合，还可用作落地挂衣架，收纳功能强，有孔墙壁可自由挂取东西，客厅的一面可贴壁画，旨在为住户打造更自由的空间

从住户到地区，打造新品牌

该地区属于昭和四十年代填海造地的一部分，水域广阔，生态环境优良，住宅区内绿树成荫。我们的目的就是充分利用这一地区得天独厚的条件来增添居民生活色彩和情趣，利用金泽的海滨地域优势来开展一些户外活动，如骑自行车、慢跑、户外烧烤、开展海上运动项目等。可直接利用这一地区阳光充裕、通风良好、空气清新等优势打造宜居环境。我们计划将这种特有的海滨生活命名为"LIVE ＋"，希望它能成为一种新的地区品牌。于是，我们于2015年1月与生产生活用品的东急手创馆签署了合作协议，并对是否应该参考金泽海滨地区居民的想法以及怎样活跃整个地区等问题进行了讨论。可以说这是与民营企业合作的一次全新尝试。

合作的第一阶段，为了更有效地利用都市再生机构的出租住房内的原有壁橱，我们一起开发了六大功能构成的A、B、C三类组合，我们把顶柜和中间部分的原木板和有孔板用在了桌子、书架和床上。壁橱有很强的收纳功能，但会因杂物太多而显得杂乱无章，通过这种方式可以把壁橱空置出来，整个房间也会增大两张榻榻米的空间，为了强调突破性，我们将其命名为"3636 ＋"（双倍加）。入住者在签约时可以进行房间、三类组合、30种墙毯的综合选择，签约后我们将按照其要求进行施工，完工后进行交接。我们相信这样的方式可以让顾客恋上这里的住房。

（都市再生机构）

（翻译：林星）

广域区域图　位于金泽海滨的5个小区

以落地挂衣架和开放式书架为主的多功能空间（A类）

多功能式组合

开放式板式储物柜

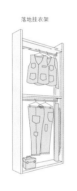
落地挂衣架

书桌α

书桌β

床、储物柜两用

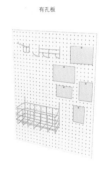
有孔板

六大功能构成A、B、C三类组合，住户签约时可自由选择

所在地区：神奈川县横滨市金泽区并木1
主要用途：集合住宅（租赁）
建筑负责人：都市再生机构
设计
策划·设计：东急手创馆+都市再生机构
东急手创馆赞助　入江敏郎
地区品牌营销：都市再生机构 + UR
施工
日本综合生活株式会社
规模
用地面积：59 m²（改造住房）
结构
主体结构：钢筋混凝土结构
收纳空间结构（壁橱）：木质结构
工期
设计期间：2014 年 7 月～ 12 月
施工期间：2015 年 2 月～
——摄影：都市再生机构

鸟山直人（TORIYAMA·NAOTO）
1960年生于东京都/1984年毕业于东京农业大学/1991年加入住宅·都市整顿公团/现就职于UR都市机构东日本租赁住宅本部神奈川地区经营部/2014年起担任金泽海滨小区负责人

加藤雄一（KATOU· YUICHI）
1957年生于东京都/1979年毕业于日本大学/1984年任职于东急手创馆/2005年于销售部门从事住宅相关工作/现从事UR金泽海滨地区房地产工作

携手打造小区新魅力

欢迎入住宜家和UR：宜家厨房和室内色彩搭配，为您提供新式租赁住宅。照片为UR虹丘小区（神奈川县）的标准房

UR × TSUTAYA：与大名第三小区（福冈县）的TSUTAYA合作建造的标准房间

富士见台小区创新

设计施工　能作淳平建筑设计事务所
所在地　东京都国立市
RENOVATION IN FUJIMIDAI
architects: JUNPEI NOUSAKU ARCHITECTS

起居室·厨房视角。将UR都市机构的个性住宅改建成适合三口之家居住的住宅。整合四张半榻榻米和六张榻榻米大的两部分空间时遗留的废置材料可运用到其他地方，小区50年积淀的精华在现代生活中得以保留。拆除原有地板，铺设乙烯地板瓷砖。将原有混凝土墙壁涂装成白色。厨房内使用通用木材（摄影：能作淳平建筑设计事务所）

传承小区"舒适感"

　　"DIY住宅"指都市再生机构指明可改建的租赁住房，我们本次的改造计划是将"DIY住宅"改造成适合一家三口居住，并可作小工作坊的住房。

　　小区建于50年前，因为当时正值灾后重建，大部分建筑使用的都是钢筋水泥等防燃材料。即便外观很现代化，但房屋内部布局极具日式传统风格，榻榻米和隔扇尤为典型，而这正是现代集合住宅所缺乏的。问题在于原有内部布局很难原封不动地保留下来，比如除了厨房都是铺有榻榻米的日式房间，

无法摆放椅子。小空间一般只有四张半榻榻米或六张榻榻米大的面积，人数稍微增加的话，空间就显得特别狭窄。这样的矛盾是否不可调和呢？基于此，我们计划把整体布局和局部布局分开来考虑。整体布局问题最需要考虑房间的主要作用，如容纳人数、具体用途等。毫无疑问，那个时代的房间整体布局与现代人的追求是不相符的，现代房间必须具备多功能性。但是，我认为像榻榻米和隔扇这类局部布局是不会被社会所淘汰的，即使是现在，这类东西仍可以给人温馨、舒适之感，我们更应该对此物尽

其用。于是，我们就保留了部分原有布局。考虑到不是完全地重建而是改建就必须慎重考虑哪些地方该拆、怎么拆的问题，便有了自主施工方式。我们把榻榻米当成长椅使用，再把壁橱改装成桌子，使用麻质隔扇，易于通风。完完全全保留原样是不可能的，所以我们通过结合现代生活实际需求对其进行了改造，小区原有的舒适感得以延续。

（能作淳平）

（翻译：林星）

原有横木和榻榻米改制而成的长椅.

日式房间看向盥洗空视角。麻质隔扇

原有壁橱改装而成的桌子

浴室。浴盆为聚苯乙烯泡沫塑料上涂抹灰浆

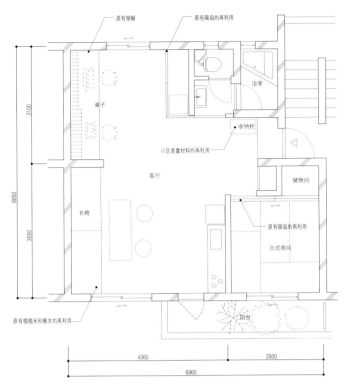

原有壁橱　原有隔扇的再利用

小区废置材料的再利用

原有隔扇的再利用

原有榻榻米和横木的再利用

浴室

桌子

收纳柜

客厅

长椅

储物间

日式房间

阳台

3100

3550

6650

4360　2600

6960

改建后平面图　比例尺 1:100

两个房间合并而成的客厅

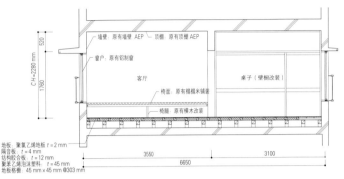

墙壁：原有墙壁 AEP　顶棚：原有顶棚 AEP

窗户：原有铝制窗

客厅

桌子（壁橱改装）

椅面：原有榻榻米铺装

椅腿：原有横木改装

CH=2280 mm

1760　520

地板：聚氯乙烯地板　t = 2 mm
隔音板：t = 4 mm
结构胶合板：t = 12 mm
聚苯乙烯泡沫塑料　t = 45 mm
地板格栅：45 mm × 45 mm @303 mm

3550　3100

6650

剖面图　比例尺 1:100

壁橱

1号日式房间

浴室

玄关

储物室

3号日式房间

厨房

阳台

改建前平面图　比例尺 1:200

所在地：东京都国立市
主要用途：住宅区
所有人：个人
设计
建筑：能作淳平建筑设计事务所
　　负责人：能作淳平　石飞亮　Elie Mahin
施工
建筑：能作淳平建筑设计事务所
卫生：KENTETUKKU
　　负责人：小曽根健一郎
电力：共成电工　负责人：及川勇
规模
专有面积：45 m²
尺寸
顶棚（客厅）：2350 mm
结构
主体结构：钢筋混凝土结构
设备
空调设备
空调方式：室内空调
热源：暖气设备
卫生设备
热水：天然气热水器
防灾设备
排烟：自然排烟
工期
设计·施工期间：2014年5月~6月
工程费用
建筑：400 000日元
空调：100 000日元

卫生：100 000日元
电力：100 000日元
总工费：700 000日元
——摄影：日本新建筑社摄影部（特别标注除外）

开展小区街道治安项目AFTER FIVE

为了后续工作的开展，我们将对与富士见台同时期建成的原市场仓库进行改建。老市场的部分建筑、原有家具及重建过程中遗留的废置材料等东西都有50年光景，我们将予以保留以示其历史性。还计划对会场角落的旧材料进行就地加工，加工后的新式样将在会议期间揭晓。小区周围的建设是我们项目的最后阶段，我们计划通过旧材的再利用来建立新旧物之间的联系，希望把小区改建成连接过去与现在的纽带。

左上：外观 / 右上：办公楼里开设各种各样的课程 / 左下：通道视角 / 右下：能作事务所的工作室位于会场一角（活动中的"环境建设课"场地）。事务所内放置着小区改建中遗留的废置材料

能作淳平（NOSAKU·JUNPEI）
1983年生于富山县/2006年毕业于武藏工业大学（现东京都市立大学）/2006年~2010年就职于长谷川豪建筑设计事务所/2010年成立能作淳平建筑设计事务所

将旧公司住宅楼改建为站前广场 让城市焕发活力

星之谷小区

统筹　小田急电铁
设计　BLUE STUDIO 大和小田急建设
施工　大和小田急建设
所在地　神奈川县座间市
HOSHINOTANI DANCHI
architects: BLUE STUDIO

从4号楼隔着农园望向3号楼。曾经封闭的场所如今作为广场向小区居民
开放，使座间站前焕发活力

3、4号楼之间。东侧视角。正面远处为座间站。小区内部没有出租农园，居民也可使用

3号楼咖啡馆阳台视角。右侧内部是小田急线座间站的站内建筑

自行车存放处
瓦斯容器存放处

1号楼（市营住宅）
储水箱

停车场

储水箱
瓦斯容器存放处

2号楼（市营住宅）

停车场
自行车存放处
储水箱

垃圾箱
自行车存放处

小狗运动场

农家咖啡店

3号楼（租赁住宅）

咖啡

农园

农园

育儿保障中心

4号楼（租赁住宅）

储水箱
瓦斯容器存放处
自行车存放处

自行车存放处

小田急线座间站
自行车存放处

垃圾堆放处

小田急市场

EV

小田急市场

TEL

自行车存放处
自行车存放处
TAXI
自行车存放处
出租车乘车处

座间市警察局
座间市派出所

N
小田急电铁所有地

1层平面图兼区域图　比例尺 1:800

人与人、人与街市互动的站前小区

　　小田急线座间站站前交差地带及站台附近，建有4栋阶梯式建筑。建筑物的土地所有者是小田急电铁公司，建筑前身为电铁公司员工住宅楼。2011年我访问此地时，分别建于1965年与1970年的南侧两栋楼因抗震强度低未被使用，场地被钢板做的围栏临时包围。座间市给我们的印象是站前住宅区密集，但有的却无人居住。只要改变使用方式就能使这种现象有所转变。不仅要改变建筑，还要从根本上重新确立座间市这座城市的价值。在我们眼中，这些建筑是拥有无限潜力的存在。

　　座间站附近地形起伏不平，自然环境优美。这里保留着古色古香的街道以及星谷寺、铃鹿明神社等历史悠久的建筑物，文化底蕴浓厚。我们充分利用车站前住宅林立这一特点，将住宅区广阔的外部空间建设为车辆无法驶入的、可聚集众人的站前广场。站前本来就是男女老少聚集的场所，我们策划在站前住宅区（广场）的1层进行招商活动，建立各种公共设施。育儿保障中心、农园、农家咖啡馆、小区厨房、草坪、假山等所有公众设施面向众人开放，而并非只对住宅区居民开放。

　　车辆禁止驶入的站前广场充满孩子和大人们的欢声笑语。

　　在座间市的古刹星谷寺中，传说有口井，即使白昼也倒映着漫天繁星。因此，我们将承载千年历史的住宅区命名为"星之谷小区"。

（大岛芳彦）

（翻译：王小芳）

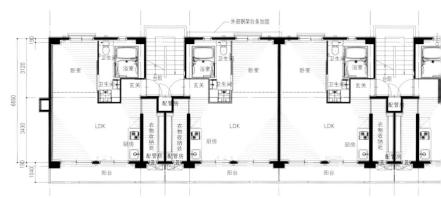

4号楼标准层平面图

3号楼1层平面图

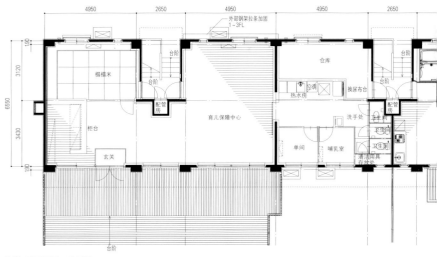

4号楼1层平面图　比例尺 1:200

西南视角。西侧外壁绘有春夏秋冬四季的星座图

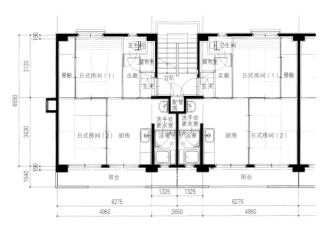

原有平面图　比例尺 1:200

1）3号楼1层咖啡馆   2）3、4号楼1层住房皆附带庭院，可从广场直接进入3号楼   3）从3号楼1层室内向外看。拆除阳台和腰壁，设门厅。窗框经打磨可重复利用   4）4号楼3层房间。打通卧室与厨房、餐厅，即整户只有一个房间。卧室与客厅可用窗帘隔开   5）4号楼1层育儿保障中心   6）星之谷小区入口附近的育儿保障中心

改建公司员工住宅楼 激发站前发展潜力

滝岛敬史／小田急电铁（业主）专访——

·关于沿线存在的问题以及建筑品牌的创造，您是怎样考虑的？

目前，在日本未开发的公司用地、分户出售的大规模住宅开发地以及沿线可开发用地都处于减少趋势，我们有必要重新审视房地产的商业模式。沿线人口在2015年达到高峰后转为下降趋势，劳动人口已经开始减少。而且距市中心越远这种趋势越显著。沿线很多房屋无人居住，急需采取相应对策。本公司策划"长远蓝图2020"项目，为提高沿线价值，打造商业品牌，我们展开以下两点设想。

1）通过铁路公司与房地产租赁业合作巩固产业基础。（以重点车站的周边为中心建设商业设施等，进行一体化开发）

2）开展新型房地产供应模式。（实现地区活性化，通过实现高附加值租赁住宅及新型租赁住宅等的建设，推动居民更换住处）

由上所述，通过推进铁路事业发展与车站周边地区的开发，提高沿线魅力与价值的同时，促进人口流入，巩固各产业在沿线地区的产业基础。

·关于座间这座城市以及本项目的经过，请做简单介绍。

车站周边虽有一些商业设施和服务设施，但规模较小，客源少，且斜坡多，交通不便。

随着建筑老化，改建势在必行。座间市房租普遍低廉，且商业调查显示车站周边商业设施趋于饱和状态，因此不考虑建设商业设施。经过一番思考，决定利用广阔空地，建设可节省工程费用的新型租赁住宅。基于抚养孩子的中年人居多这一特点，该建筑旨在创造"放飞个性"的住宅，并打造"众人共享"的广场。

·关于今后的发展，您有什么想法？

因该建筑物已建成50余年，我们考虑将使用年限暂定为20年，使座间这座城市焕发活力，提高地区发展潜力，实现外来人员流入。今后，将继续与座间市开展合作，以座间站周边站前广场的基础设施建设为主，协商车站周边的土地利用事宜。而且，座间区域、经堂区域以及町田区域的部分区域被日本国土交通厅确立为"促进原有社区型住宅流通试点地区"。该试点项目命名为"连接小田急沿线住宅项目"，计划调查这三个不同区域的顾客需求，发挥原有住宅的优势，完善与老人、育儿年龄层居民生活相关的商品与服务，推动居民更换住处，激发各区域的活力。计划进一步将此政策开展到沿线其他区域，解决由少子老龄化及人口减少产生的一系列社会问题，将此沿线打造为日本最宜居的沿线，促进企业的可持续发展。

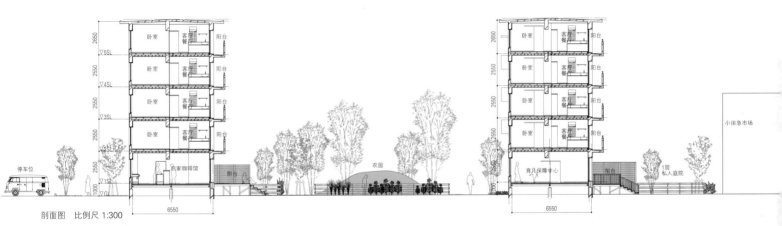

剖面图　比例尺 1:300

所在地：神奈川县座间市
主要用途：公共住宅　育儿保障中心　咖啡馆
所有人：小田急电铁
设计・监理——
统筹：小田急电铁
负责人：滝岛敬史　长崎浩　坪田敦
规划・基本设计・设计监理・监理监修：
BLUE STUDIO
负责人：大岛芳彦　吉川英之
　　　　药师寺将
设计：大和小田急建设
建筑负责人：种植淳　伊东义和
结构负责人：林贤一
设备负责人：高波顺一郎
监理负责人：种植淳　伊东义和
景观：小田急LANDFLORA
负责人：服部浩也　山冈伸子
施工——
建筑：大和小田急建设
负责人：室桥光男　笹地伸之
空调・设备：富士设备工业
电力：弘电社
景观：小田急LANDFLORA
负责人：宫地司
规模——
用地面积：4533.34 m²（3・4号楼）
　　　　　6550 m²（公司住宅部分
　　　　　除西侧道路之外）
建筑面积：493.2 m²（3・4号楼）
使用面积：2466 m²（3・4号楼）
　　1层：493.2 m²
　　2层：493.2 m²
标准层：493.2 m²（每栋246.6 m²）

建蔽率：10.87%（3・4号楼）
容积率：54.39%（3・4号楼）
层数：地上5层
尺寸——
最高高度：14 000 mm
房檐高度：13 850 mm
层高：2550 mm
顶棚高度：2280 mm ~ 2490 mm
主要跨度：6275 mm × 3430 mm
用地条件——
地域地区：第1种低层居住专用区　第1种居
　　　　　住区　防火区域
停车辆数：31辆
结构——
主体结构：钢筋混凝土结构（外接钢架拉条增
　　　　　强抗震性能）
桩・基础：桩基础
设备——
空调设备——
空调方式：气冷热泵空调
热源：电力
卫生设备——
供水：储水箱
热水：燃气供给方式
排水：污水公共下水道放流方式
　　　雨水室内渗透方式
电力设备——
供电方式：低压供电方式
设备容量：每户5 kVA
额定电力：每户5 kVA
防灾设备——
灭火：灭火器
排烟：自然排烟

其他：住宅火灾报警器
工期——
规划期间：2013年11月 ~ 2014年3月
设计期间：2014年4月 ~ 10月
施工期间：2014年11月 ~ 2015年6月
租金・单元面积——
户数：55户
住户可用面积：37.38 m²
租金：70 000日元 ~ 95 000日元
利用向导——
座间市育儿保障中心
开馆时间：10:00 ~ 16:00（每月第2个周四
　　　　　15:00闭馆）
休息日：周六・周日・节假日・年初年末、每
　　　　月第3个周二下午
电话：046-255-7070
农家咖啡馆
营业时间：11:00 ~ 19:00
　　　　　——摄影：日本新建筑社摄影部

大岛芳彦（OSHIMA・YOSHIHIKO）

1970年出生于东京都/1993年毕业于武藏野美术大学造型学院建筑专业/1994年~1997年就职于Southern California Institute of Architecture/1997年~2000年就职于石本建筑事务所/2000年至今担任BLUE STUDIO董事/2009年至今担任Renovation住宅推进协议会理事副会长/2010年至今担任HEAD研究会、Renovation・Task force委员长/2011年至今担任明海大学不动产学院外聘讲师/2013年至今担任Renova Ring董事/2014年至今担任东京理科大学研究生院外聘讲师

吉川英之（YOSHIKAWA・HIDEYUKI）

1973年出生于神奈川县/1999年毕业于东京工艺大学工学院建筑专业/2005年至今就职于BLUE STUDIO

药师寺将（YAKUSHIJI・MASASHI）

1982年出生于大分县/2005年毕业于芝浦工业大学工学院建筑专业/2007年至今就职于BLUE STUDIO

2015|08|0 4 5

将铁道公司的单身公寓改建为自然风光优美的合租式公寓

合租空间——圣迹樱丘

企划・总设计 REBITA

设计 古谷建筑设计事务所 南條设计室

施工 京王建设

所在地 东京都多魔市

SHARE PLACE SEISEKISAKURAGAOKA

architects: REBITA + FURUYA DESIGN ARCHITECT OFFICE + ATELIER NANJO

南侧视角。本项目为京王电力铁道公司旧单身公寓（已建成51年）的改建计划。旨在打造拥有108个单独房间的合租式公寓。此改建工程由法人京王电铁、REBITA 、京王建设三个公司联合推进。充分利用周围的自然环境优势，改建面积超过3700 m²，包括新建室外露台以及屋顶露台等等

左：入口通道。保存原有石板路。右手边的雪松是此地的标志性树木
右：2层露台视角

和谐的合租式公寓

　　圣迹樱丘是一项住宅改建工程。此工程是将已建成51年的京王电力铁道公司的旧单身公寓改建成包括留学生国际交流宿舍（占房间总数的1/3左右）在内的复合型合租公寓，充分利用周围优美的自然风光与空间为居住者提供舒适的居住环境。该工程旨在成为富有时代感的郊外建筑典范。

　　空地率高达68%，被山丘与河流包围的外围空间占地面积超过1000 m²。中庭院落中生长着有历史韵味的古树，充满自然气息。此工程充分利用自然优势，将室内装饰与外观修饰完美搭配，构建自然与生活相融合的居住环境。其中包括屋顶露台、木露台、草坪、树荫、小型日式房间等公共区域。小区居民可根据当天的天气、时间与心情来选择合适的场所，他们和谐相处，共享公共设施。撤除道路围栏，将道路与建筑的界线模糊化，着力打造建筑与周围环境相融相通的开放式合租公寓。此区域为丘陵地带，有丰富的绿色植被与便利的水路条件，自然风光优美，随处可见萤火虫飞舞。因此，此次设计也包括保护区域环境、种植树木与设立观赏区域等。

　　圣迹樱丘将都市与自然完美融合，希望在这里生活的居民可以感受到它的独特之美，并爱上这片土地。

（REBITA／日野孝彦
古谷建筑设计事务所/古谷俊一）
（翻译：孙小斐）

阳台视角。充分利用68%的空地区域，尽量保持原本的自然风貌，除了原来的红叶与杜鹃花，还种植绣球花等40多种植物，让居住者体验四季变化的乐趣

俯瞰庭院。外墙维持原貌。仅对阳台进行涂漆装饰

公共休闲区。设置中央式厨房（照片右边），小厨房（照片中央靠里位置）
等不同大小的空间。居住者可以根据目的与心情自由选择。另附专其他多种
设置都在不断更新中

入口大厅。计划与公共休闲区之间建一堵墙，使其只能通往各自房间，无法
通向公共区域

个人房间。天花板与地板、开口部位不做改动。对墙壁进行粉刷。房间面积为
13.2 m²

走廊。左边是卫生间

保留原楼梯

书房。因为有一部分要作为大学的留学生国际交流宿舍
使用，所以设置了用于学习的书房

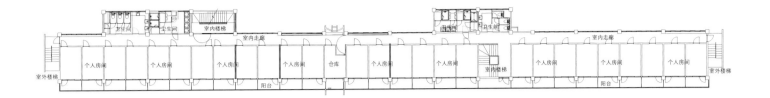

3、4层平面图

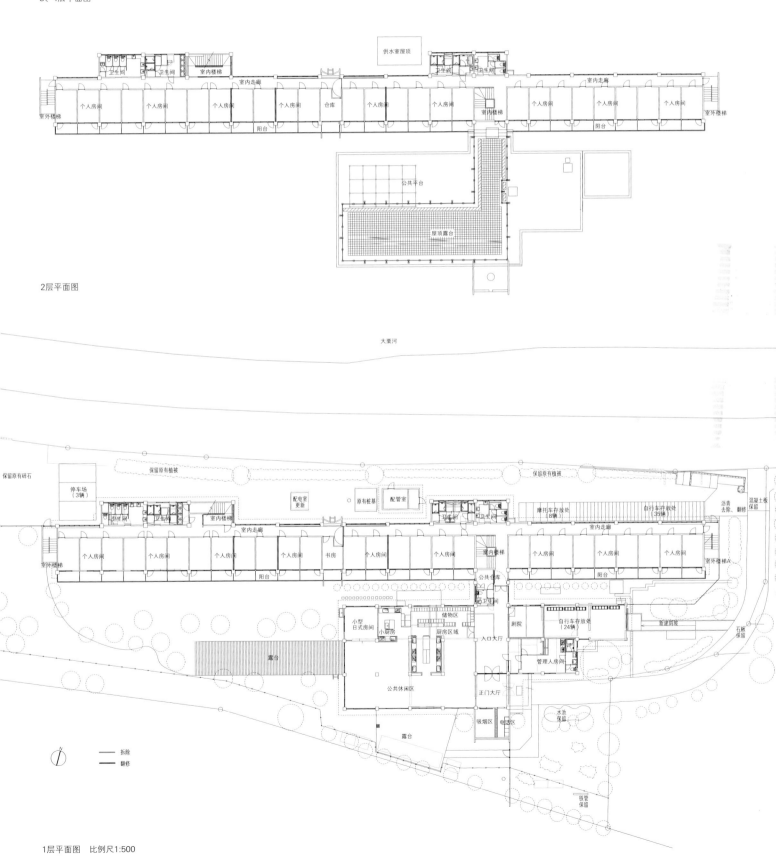

2层平面图

1层平面图　比例尺1:500

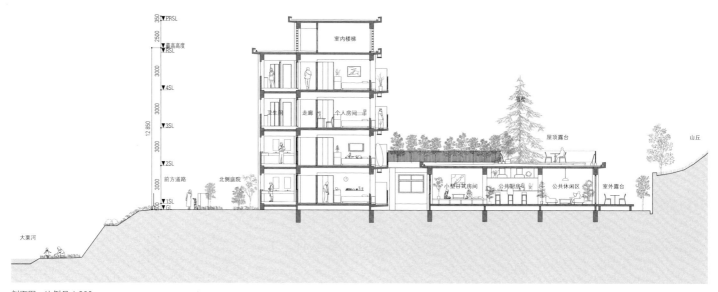

室内楼梯

卫生间　走廊　个人房间一号

屋顶露台

松树　山丘

前方道路　北侧庭院　小型日式房间　公共厨房　公共休闲区　室外露台

大栗河

剖面图　比例尺 1:300

西北侧。大栗河视角

设计方古谷设计的作品。设计灵感源自各种植物。个人房间的设计主题来源于三角枫、北美鹅掌楸等在场地周围可见到的植物

所在地：东京都多摩市
主要用途：宿舍
　　（合租式公寓+留学生国际交流宿舍）
所有人：京王电铁
设计
　企划　总设计：REBITA
　　　负责人：日野孝彦　关礼次郎
　设计：古谷建筑设计事务所
　　　负责人：古谷俊一　宫胁久惠
　　　南條设计室
　　　负责人：南條洋雄　近藤裕幸
　结构：京王建设
　　　负责人：武藤旭浩
　设备：SHIMA设计　兼松设备设计
　　　负责人：岛田照美　兼松匡
　监理：REBITA
　　　负责人：关礼次郎
　　　南條设计室
　　　负责人：近藤裕幸
施工
　建筑：京王建设
　　　负责人：林秀树　田中凉介
　空调、卫生：八洲
　电气：由井电气工业
　庭园设计：古谷建筑设计事务所
规模
　用地面积：3786.27 m²
　建筑面积：1204.73 m²
　使用面积：3041.12 m²
　1层：1119.62 m² / 2层：625.50 m²
　3层：625.50 m² / 4层：625.50 m²

　屋顶层：45.00 m²
　标准层：625.50 m²
　建蔽率：31.81%（容许值：60%）
　容积率：80.31%（容许值：200%）
　层数：地上4层　屋顶1层
尺寸
　最高高度：12 850 mm
　房檐高度：12 500 mm
　层高：3000 mm
　顶棚高度 住户（居室）：2400 mm
　主要跨度：6000 mm×6000 mm
用地条件
　地域地区：第2种中高层居住专用区　防火地区　第2种高度地区
　道路宽度：北5.0 m
　停车辆数：3辆
结构
　主体结构：钢筋混凝土结构
　桩·基础：桩基础
设备
　空调设备
　空调方式：独立空调方式
　热源：蒸汽热水供给方式
　卫生设备
　供水：自来水管直接供水方式+加压供水方式
　热水：分层供给热水方式
　排水：污水分流方式
　电气设备
　受电方式：专用电 3φ3W6600 V
　设备容量：250 kVA
　额定电力：250 kW

防灾设备
　消防：灭火器　室内消防栓设备
　排烟：自然排烟
　其他：住宅火灾报警器　缓降器
工期
　设计期间：2014年2月~5月
　施工期间：2014年6月~2015年2月
内部装饰
公共走廊
　地板：TOLI
个人房间
　地板：TAJIMA
租金·单元面积
　户数：108户
　住户可用面积：13.2 m²
利用向导
　咨询：REBITA
　电话：03-5468-9224
——摄影：日本新建筑社摄影部（特别标注除外）

日野孝彦（HINO·TAKAHIKO）

1984年出生于熊本县/2006年毕业于九州艺术工科大学环境设计专业/2008年修完九州大学研究生院艺术工学府艺术工学专业研究生课程/2008进入REBITA

古谷俊一（FURUYA·SYUNICHI）

1974年出生于东京都/1997年毕业于明治大学理工学院建筑专业/2001年修完早稻田大学研究生院理工学研究科建筑专业研究生课程/2001年~2006年就职于IDEE/2006年~2009年就职于城市设计体系/2009年创立古谷建筑设计事务所

近藤裕幸（KONDOU·HIROYUKI）

1965年出生于神奈川县/1990年毕业于东京都立大学工学院建筑专业/1992年修完同大学研究生院研究生课程后，进入南條设计室/现任副主任

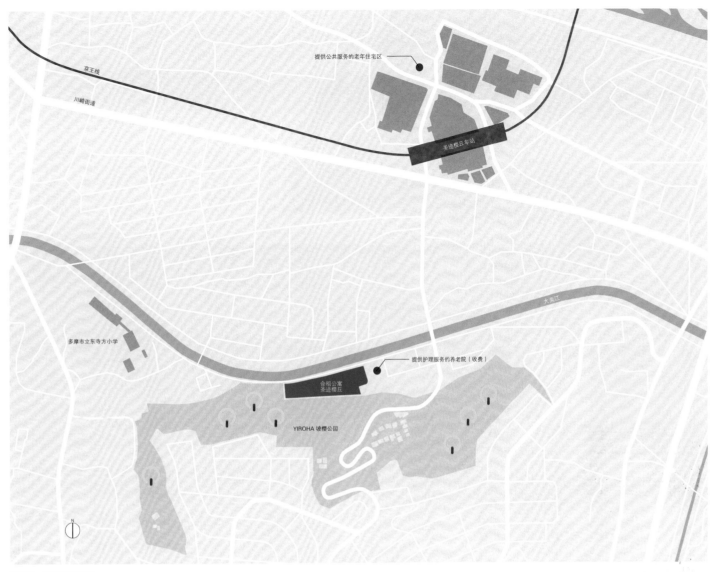

京王线

川崎街道

提供公共服务的老年住宅区

圣迹樱丘车站

大栗江

多摩市立东寺方小学

合租公寓
圣迹樱丘

提供护理服务的养老院（收费）

YIROHA 坡樱公园

N

区域图　比例尺1:8000

充分利用周围便利的生活条件与优美的自然风光，打造多代人共住的人间天堂

采访京王电铁（法人）————

铁道沿线面临着很多问题，对于品牌形象您是怎么看的呢？

现在虽然在沿线有很多人居住，但是从中长期来看，日渐严峻的少子老龄化社会现象将会直接导致对铁道交通需求的降低。在这样的背景之下，京王以"选择我们，住进我们"为宗旨，积极打造对育儿一代充满吸引力的城市，并且以他们为对象，在公寓中增设托儿所。建设可以提供多种服务，让老年人能够安心居住的高龄群体住宅，以多代人共住的宗旨来进行开发建设。对沿线设施进行改建，对庭院悉心管理，提供家政服务，帮助巡视空房子等等，建立"京王放心网"为住户提供各种生活服务，并且致力于通过完善各种生活服务来使沿线充满活力。2013年是公司电车、公共汽车投入使用的第100年，公司一直致力于给顾客树立"亲近""安心"的良好形象，将继续保持这一宗旨，并且不断对沿线进行开发让顾客感受

到我们的"潜力"与"先进性"。

关于圣迹樱丘，可以介绍一下这次将其改建为合租公寓的经过吗？

本公司对圣迹樱丘进行了商业设施、业务设施、住宅等复合性的开发。今后，圣迹樱丘将成为多摩地区沿线的重要站点。从这里到新宿不需要换乘便可以到达，交通方便，周围自然风景优美，又十分安静，充满着独特的魅力。从这点来看，这里很符合年轻人的需求，所以我们在充分利用原有建筑物的基础之上，进行了改建翻修。

请问圣迹樱丘的建设远景是怎样的呢？

此项工程充分利用自2008年开始废弃的单身公寓，以获得收益以及吸纳年轻一代为目的推进的。此外，在圣迹樱丘地区，以关注老年人从而促进沿线发展为目的，建设给老年人提供服务的住宅以及收费养老院。

车站是商业设施的聚集地，交通便利。旨在给老年人带来安心与方便，为其提供多

种服务，创造更有活力的生活环境。提高护理程度，入住者可享受特权优先入住距住宅区最近的养老院。今后也将基于周围的特色来不断完善建筑计划。

适合老年人居住的住宅（附带多种服务）
各房间厨房、浴室一应俱全。一年365天，每天24小时都会有工作人员服务，同时提供就餐服务

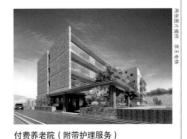

付费养老院（附带护理服务）
作为沿线的一个护理服务场所，这里发挥着让老年人可以安心生活的重要作用

享受自然与幽雅的开放式建筑

tetto

设计　SALHAUS
施工　大同工业
所在地　神奈川县川崎市麻生区
TETTO
architects: SALHAUS

南楼8号的组合视角。该方案来自仁千叶拟建于川崎市市区化调整区域的8户住房与区域集会所，将建筑物按小单位划分，进行错落排列，进入大学外空间，充分利用幽雅的自然环境以及步行数分钟可到达车站的优越地理位置，旨在创造郊区独有的生活情趣。

位于郊区　木质建筑　风景独特

　　在市中心乘坐民营铁路约30分钟可到郊外站。再步行几分钟便可避逅幽雅的山景。在私有农田的一角，有几处空房和仓库，还建有供区域聚会使用的小集会所。委托人希望用木材将这里改建为租赁集合住宅，并保留原有的集会所。虽然建设范围仅限于建筑物宅基地，但全部建设用地达4000 m²，目标是建立可以使住户与周边居民共享自然环境的集合住宅。

　　为增加人们与环境的接触机会，设计采用雁阵排列方式。内部为跃层式公寓，方便邻居之间交流互动。既可深入建筑内部，又可通过多方位开口部与外部环境接触。南北两栋楼之间的外部空间既是道路又是广场。对面是与集会所相连的广场以及与客厅相连的1层庭院。另外，设有2层阳台、凉亭等室外休息场所。外部设计上，将高度差、地板装修、木质框架等在规定区域上稍微错开叠加，有意将私人部分与共用部分的界线模糊化。室内与室外、私人部分与共用部分巧妙结合在一起。木质大型屋顶远超出房檐，在其覆盖下，整个住宅环境为所有居民共享。

　　入住的住户被郊区独有的环境吸引而来。几家住户共同开垦农田，种植蔬菜，开始别具一格的生活。集会所的存在为租赁住宅中暂时居住的住户提供与社区交流的机会。我认为这种能够与周边环境互动、郊区特有的田园生活模式会为现代的封闭式住宅打开新世界的大门。

（安原干／SALHAUS）

翻译：王小芳

西侧视角，南北两栋楼之间的共用空间与2层阳台、1层庭院相连，设计为居民创造交流机会。该用地地形起伏不平，郊南楼位于其之下，1层设计为钢筋混凝土结构。

图片提供：小林维史 / Cabbage net

南侧航拍。建于委托人的广阔农田的一角

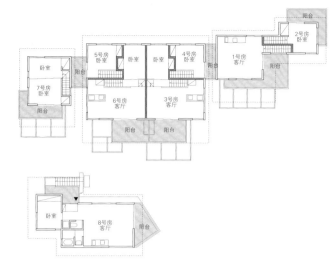

2层平面图　比例尺 1:400

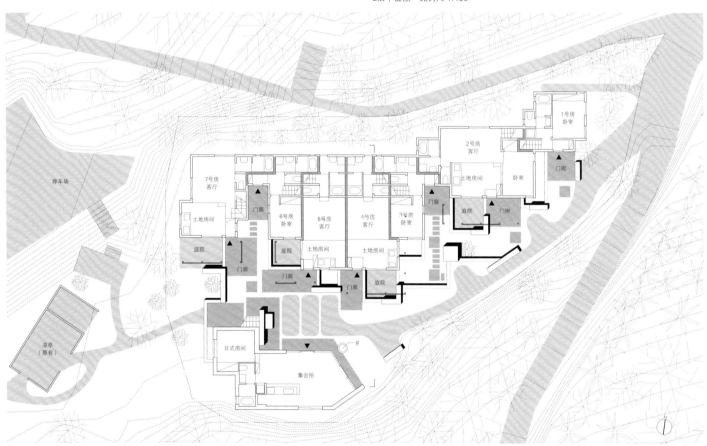

1层平面图兼区域图　比例尺 1:300

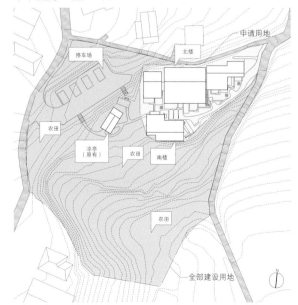

区域图　比例尺 1:1200

于东京近郊享受田园生活

宫野敏男（tetto业主）专访——

·关于郊区租赁集合住宅今后的经营，您是怎么考虑的？

近年来，在东京周边，房地产商建设了很多轻型钢架预制件组合式的租赁公寓。公寓整齐划一，并且已处于饱和状态。本项目用地是我土生土长的地方，它充满绿色，幽静宜居。我认为在这里建设租赁集合住宅，必须要木造且富有个性。比周围建筑新颖别致，才有竞争力，不被时代淘汰，才能满足人们的需求。建好的成品要使人感觉比实际用地面积更大，宽敞的居住空间使人心情舒畅，让我也不由得想住进去。

·为居民提供种田等体验项目，这点您是如何想到的？

充满绿色的租赁住宅不仅是休息场所更是活动场所。我们提供农耕道具，向住户开放住宅区以外的农田、果园，让住户随意种植农作物、摆弄花草。通常想侍弄田地的话只能在离住所很远的地方租借农田，但在这里，农田就在家门口。有的住户第一次种田就收获累累硕果。大家都非常享受农耕生活。今后会让大家栽培果树，体验收获水果的喜悦，享受田园生活的乐趣。

6号房2层阳台。屋檐椽子由美洲松木材制成。2层外壁采用镀铝锌钢板（t=0.4 mm），瓦楞板，小波纹。可看到原有凉亭

2号房1层客厅。4户住房1层都设有土地房间（未铺地板的土地面房间）与私人庭院。通过材料与高度的变化，使客厅、土地房间、庭院与内外部错落有致。左手台阶上方为卧室

集会所视角。委托人担任町内会长。集会所为区域聚会使用

3号房2层客厅。内部卧室地板稍低，最大限度地利用因建筑物高度限制而缩小的空间

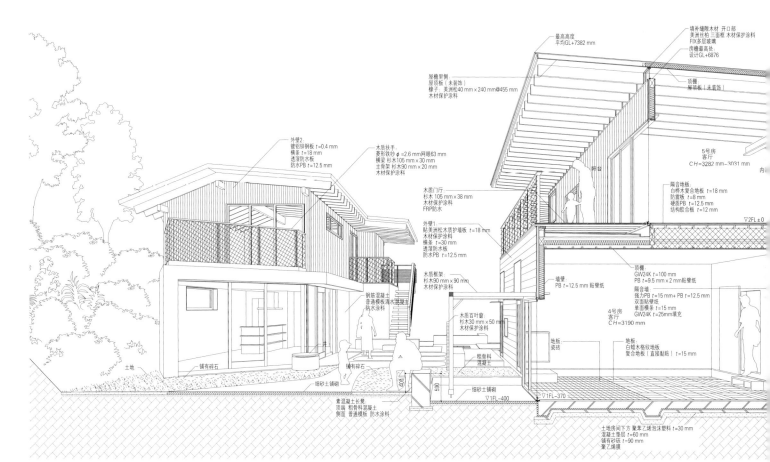

剖面透视图　比例尺 1:80

所在地：神奈川县川崎市麻生区
主要用途：长排式房屋（租赁8户+集会所）
所有人：个人
设计·监理
　建筑：SALHAUS
　　负责人：安原干　日野雅司　栃泽麻利
　　佐熊勇亮　佐佐木岭
　结构：长坂设计工舍　负责人：长坂健太郎
　设备：ZO设计室
　　负责人：柿沼整三　竹森YUKARI　布
　　施安隆
　景观：武田规划室
　　负责人：武田史郎　岩田祐加子
施工
　建筑：大同工业
　　负责人：东本晓　杉本和也

空调：Panasonic Living首都圈
　负责人：林世树
卫生：见上综合设备
　负责人：见上秀人
电力：弘力电设
　负责人：又城雅弘
规模
用地面积：742.62 m²（北楼：571.62 m²
　南楼：171.00 m²）
建筑面积：284.94 m²（北楼：228.63 m²
　南楼：56.31 m²）
使用面积：467.70 m²（北楼：371.73 m²
　南楼：95.96 m²）
1层：253.62 m²（北楼：203.04 m²
　南楼：50.58 m²）
2层：214.08 m²（北楼：168.69 m²）

南楼：45.38 m²）
建蔽率：北楼：39.99%（容许值：40%）
　南楼：32.93%（容许值：40%）
容积率：北楼：65.03%（容许值：80%）
　南楼：56.12%（容许值：80%）
层数：地上2层
尺寸
最高高度：7382 mm
房檐高度：6876 mm
层高：3375 mm
顶棚高度：1层：2200 mm～3280 mm
　2层：2203 mm～3636 mm
用地条件
地域地区：市区化规划调整区域　日本《建筑
　基准法》第22条规定区域
第1种高度地区　农业振兴区域

道路宽度：东4 m
停车辆数：8辆
结构
主体结构：木结构　一部分为钢筋混凝土结构
桩·基础：板式基础
设备
空调设备
空调方式：独立空调方式
热源：电力
卫生设备
供水：自来水管直接供水方式
热水：局部加热方式
排水：重力排水方式+环形通气方式
电力设备
供电方式：低压供电方式
额定电力：6 kVA

3号房1层客厅。为阻挡外界视线，一部分设有百叶窗　　　从2号房庭院看1号房阳台　　　东侧视角

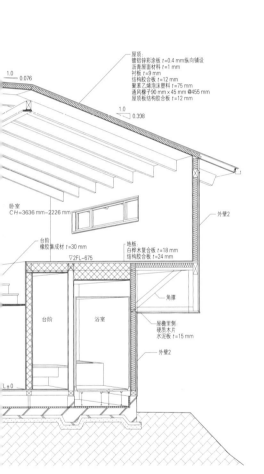

屋顶：
镀铝锌彩涂板 t=0.4 mm纵向铺设
沥青屋面材料 t=1 mm
衬板 t=9 mm
结构胶合板 t=12 mm
聚苯乙烯泡沫塑料 t=75 mm
通风椽子90 mm×45 mm×455 mm
屋顶板结构胶合板 t=12 mm

1.0　0.076

1.0　0.308

卧室
CH=3636 mm~2226 mm

外壁2

台阶
橡胶集成材 t=30 mm

地板
白桦木复合板 t=18 mm
结构胶合板 t=24 mm

▽2FL-675

角撑

卧室

台阶　浴室

屋檐里侧：
硬质木片
水泥板 t=15 mm

外壁2

L±0

平面详图　比例尺 1:80

客厅・餐厅・厨房

地板
白蜡木格纹地板
复合地板 t=15 mm

厨房：
SUS拉丝制造

（FL±0）

（-150）

卧室

台阶
橡胶集成材

2号房
土地房间

鞋柜

3号房
玄关

地板
瓷砖
混凝土

砂浆压实
聚氨酯处理

玄关

（-370）

（-150）

（-400）

（-210）

门廊
粗骨料混凝土

庭院

门廊

SUS邮筒支架

上方房檐线

素混凝土护墙
侧面　普通模板　防水涂料

庭院
细砂土铺砌

（+90）

木质框架
杉木90 mm×90 mm
木材保护涂料

PC平板600 mm×800 mm
PC平板300 mm×300 mm

五段花木材 ∮=3 m

木质百叶窗
杉木30 mm×50 mm
木材保护涂料

素混凝土长凳
顶端　粗骨料混凝土
侧面　普通模板　防水材料

素混凝土长凳
顶端　粗骨料混凝土
侧面　普通模板　防水涂料

（+190）

（-210）

（-10）

过道
细砂土铺砌

N

燃气设备：瓦斯

工期

设计期间：2013年12月～2014年8月
施工期间：2014年8月～2015年3月

租金・单元面积

户数：9户（租赁8户+集会所）
住户可用面积：45 m²、55 m²
租金：92 000日元～103 000日元
——摄影：日本新建筑社摄影部（特别标注除外）

SALHAUS

安原干（YASUHARA・MOTOKI/左）
1972年出生于大阪/1996年毕业于东京大学工学院建筑专业/1998年获得东京大学研究生院工学研究科建筑学硕士学位/1998年～2007年就职于山本理显设计工厂/2008年与他人共同成立SALHAUS/2011年至今担任东京理科大学副教授

日野雅司（HINO・MASASHI/右）
1973年出生于兵库县/1996年毕业于东京大学工学院建筑专业/1998年获得东京大学研究生院工学研究科建筑学硕士学位/1998年～2005年就职于山本理显设计工厂/2008年与他人共同成立SALHAUS/2014年至今担任Good Design审查委员/现任东京理科大学工学院、千叶大学工学院、武藏野美术大学、法政大学外聘讲师

枥泽麻利（TOCHIZAWA・MARI/中）
1974年出生于埼玉县/1997年毕业于东京理科大学理工学院建筑专业/1999年获得东京理科大学研究生院理工学研究科建筑学硕士学位/1999年～2006年就职于山本理显设计工厂/2008年与他人共同成立SALHAUS/现任东京理科大学工学院、昭和女子大学、东京电机大学外聘讲师

屋顶相连、阳台环绕的木质集合住宅
关泽集合住宅区

设计　铃木淳史建筑设计事务所
施工　前川建设
所在地　埼玉县富士见市
SEKIZAWA APARTMENT
architects: ATSUFUMI SUZUKI ARCHITECTS

从北侧看向1、4号租赁住宅与业主住宅之间的空间。住宅之间间距较宽，大约2.5 m，
由2层阳台和屋顶相连。屋顶空间宽阔，有利于扩大2层的活动范围，无形之中扩大了
各住户的活动空间

6号租赁住宅阳台视角。相邻楼之间设置阳台。通过调整布局来调整住宅和庭院之间的距离感，南侧的阳台呈"く"形包围庭院，阳台露出部分约为900 mm ~ 1500 mm，屋檐露出部分约为900 mm ~ 1500 mm，居民可活动的范围十分广阔，如阳台、1层空地等

北侧全景图。三栋住宅并排排列，中间为业主住宅，旁边两栋为出租住宅，现有六户住户。
每栋结构独立，有利于未来改建或扩建，西侧为居民自留地，东面和南面已在30年变革中
由农田变成了住宅区，正在逐渐演变成街道

关于如何与周边环境产生协调感的思考

从离东京最近的埼玉县车站步行十分钟左右，便可以欣赏到一片田园风光。这里曾经是一望无际的田野，现已逐渐变成住宅用地。鳞次栉比的街道建筑尽头处为该建筑用地。

建筑用地十分开阔。也许几十年之后，这里会被住宅包围，道路贯穿田地。

就原有住宅来看，对土地的物尽其用导致了住房之间间距小，过道狭窄，室内光线极差。

为了该地区的发展，协调好周围环境、旧住宅以及新建住宅三者之间的关系尤为重要。

三栋住宅楼，每栋两层，共计六户。为了新旧住宅的和谐相融，屋顶平面设计与室外平面环形设计自然相通。

建设室外阳台的最初目的是加强室内的隐私性，现在既是过道又可作为公共空间使用。住户可自主决定自己的活动范围。活动空间可延伸扩大至建筑用地外，甚至可通向邻近的田野。庭院内可种植植

物。室外可作阅读空间，也可晾晒衣物，远眺风景。还可以去田野里采摘时令农作物，三栋住宅与周围建筑大小以及结构相近，新旧住宅在视觉上十分协调。我希望通过开拓其他领域来突破建筑用地面积的限制，给大家呈现不一样的生活景象，该地区的人们不仅可以有丰富而自由的活动，而且活动内容可以随周围环境的变化而不断更新。

（铃木淳史）

（翻译：林星）

2层平面图　比例尺1:100

左：右边和左边分别为各住宅的玄关和后门，住户可自由选择出入路径/中：6号租赁住宅内部视角。天花板、窗户等室内布局可根据住户喜好而定，每户住宅的用地面积约为40 m²，顶棚高2150 mm ~ 5100 mm/右：业主住宅2层视角。2层椽子外露，房屋结构显而易见

066 |2015|08

1820 1365 910 2275 1600

屋檐线（阴脊线）

圌洗室   浴室

4号租赁住宅

阳台

1340

斜脊线

从室内到阳台，从住宅至街道，空间无限扩大

1490

檐端线

屋檐线（阳脊线）

1340

6370 1600

贯穿于农田的大道（计划中）

范例

□：30年岁月更迭，由农田到住宅区的演变

区域图 比例尺 1:2500

2层阳台边线

2号租赁住宅

业主住宅

1号租赁住宅

3号租赁住宅

2层阳台边线

1层区域平面图 比例尺 1:250

业主住宅侧面视角。室内外地板相连，衔接处开口可灵活变动，可自由决定开口大小。外墙涂刷灰浆

所在地：埼玉县富士见市
主要用途：集合住宅
所有人：个人
设计
建筑·监理：铃木淳史建筑设计事务所
　　负责人：铃木淳史
结构：马场贵志结构设计事务所
　　负责人：马场贵志
施工
建筑：前川建设
　　负责人：前川政一　涉川隆
设备：FUSION·3
　　负责人：安江慎一郎　铃木守　铃木聪
电力·空调：音羽电设
　　负责人：吐师克广
燃气：大东燃气
　　负责人：海江田修平
土木：田边兴业
　　负责人：田中俊哉
钢架：吉水酸素工业所
　　负责人：竹林秀明
铸模：前川建设
　　负责人：佐藤丰
钢筋：高部钢筋工业所
　　负责人：高部康久　德永茂信
木质工程：水雅
　　负责人：田代浩二　盐田辉畅
防水：BRIGHT
　　负责人：石井保

金属板：国松工业
　　负责人：国松庆夸
泥瓦工：久保田左官
　　负责人：久保田博之　宫口义浩
木质门窗：野口门窗店
　　负责人：野口正男
内部装潢：一色
　　负责人：井泽正
DAMUDAMU HOUSE
　　负责人：小仓光晴
北一商店
　　负责人：松永敬介
WITH FLOORING
　　负责人：道地贵浩
涂装：昭研工业
　　负责人：金子由德
家具：PROPELLER
　　负责人：前川幸子
盆栽：GRADINA
　　负责人：藤井信良
雨链：濑尾制作所
　　负责人：濑尾良辅
规模
用地面积：498.02 m²
建筑面积：270.55 m²
使用面积：453.51 m²
　　1 层 215.07 m² / 2 层 238.44 m²
建蔽率：54.32%（容许值：60%）
容积率：68.92%（容许值：200%）

层数：地上 2 层
尺寸
最高高度：9771 mm
房檐高度：8851 mm
层高：2 号租赁楼：2770 mm
顶棚高度：2 号租赁楼：2250 mm
主要跨度：6370 mm × 3640 mm
用地条件
地域地区：第1种中高层居住专用区
道路宽度：西4.2 m　南6.8 m
停车辆数：6 辆
结构
主体结构：木结构
桩·基础：现场浇筑混凝土柱状改良基础　地
　　　　下架空层基础
设备
空调设备
空调方式：热泵空调方式
热源：天然气热水器
卫生设备
供水：自来水管直接供水方式
热水：天然气热水器
排水：分流式排水
电气设备
受电方式：低压受电方式
设备容量：23 kVA
额定电力：30 kVA
防灾设备
防火：灭火器

工期
设计期间：2014 年 1 月 ~ 2014 年 7 月
施工期间：2014 年 8 月 ~ 2015 年 3 月
主要使用器械
厨房水龙头　KAKUDAI：151-007
洗脸盆　TOTO：L710C
租金·单位面积
户数：7 户
住户可用面积：40.45 m² ~ 41.34 m²
租金：72 000日元 ~ 80 000 日元
　　　　——摄影：日本新建筑社摄影部

铃木淳史（SUZUKI·ATUHUMI）
1976年出生于东京都/1999
年毕业于东京理科大学工学
系建筑专业/1999年 ~ 2004
年就职于住友林业/2005年
就职于某设计事务所/2006
年成立铃木淳史建筑设计事务所

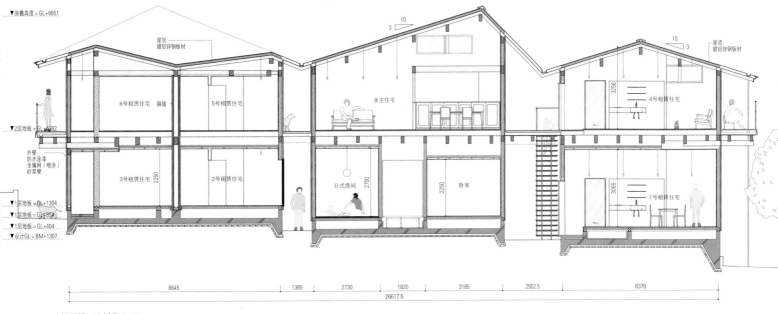

▼房檐高度＝GL+8851

屋顶：
镀铝锌钢板材

6号租赁住宅　隔墙　5号租赁住宅

业主住宅

屋顶：
镀铝锌钢板材

▼2层地板＝GL+4282

外壁
防水涂漆
金属网（喷涂）
砂浆壁

3号租赁住宅　2250　2号租赁住宅

3256

4号租赁住宅

日式房间　2700　2250　卧室

1号租赁住宅

3055

▼1层地板＝GL+1304
▼1层地板＝GL+854
▼1层地板＝GL+404
▼设计GL＝BM+1307

8645　1365　2730　1820　3185　2502.5　6370

26617.5

剖面图　比例尺 1:150

创造业主 × 租户 × 街市的关系

采访涩川隆氏（业主）——

· 采访业主：在离东京不远的郊外修建租赁住宅，您是怎么考虑的？

我们家几代人都在这里从事农业。我自己没有务农，大学毕业后在别的城市打拼，20年后才打算回到这里居住。

从我奶奶那一辈开始就在这里建造租赁住宅，这次已经是第五栋了。从迄今为止建造四栋住宅的经验来看，如果单纯是一室一厅的租赁户型的话，很难找到租户，成本也会很高。我把这次的设计委托给我的大学同届生铃木淳史先生。

以前，由于我的父母忙于耕种没有时间管理这些事情，租赁业务都是交给中介处理，所以他们并不知道是谁租了他们的房子。我觉得应该建立一种新的业主与租户的关系，我们将这次的建筑分为三部分，将业主的住宅设置在中间，租户在两旁有独立的住宅。对于租户来说他们完全拥有自己的独立空间。现在的租户都来自关东近郊，年龄在二三十岁左右，共六人。埼玉县这个地方多数都是本地人，住宅旁边就是自家的农田，大家和谐相处。我希望这种区域特有的生活方式和交流方式能够感染到租户，使他们能够融入我们的大家庭，共同促进区域的和谐发展。

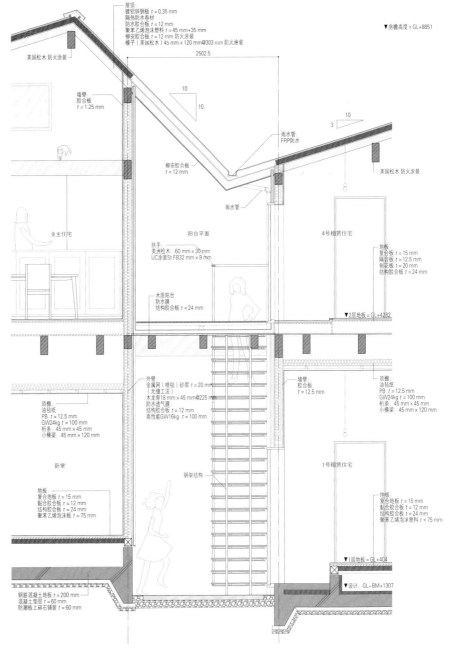

屋顶：
镀铝锌钢板 t = 0.35 mm
隔热防水卷材
防水胶合板 t = 12 mm
聚苯乙烯泡沫塑料 t = 45 mm+35 mm
椰安胶合板 t = 12 mm 防火涂装
椽子（美国松木）45 mm × 120 mm@303 mm 防火涂装

▼房檐高度＝GL+8851

美国松木 防火涂装

2502.5

墙壁：
胶合板
t = 1.25 mm

10
10

10
3

雨水管：
FRP防水

椰安胶合板
t = 12 mm

美国松木 防火涂装

业主住宅

雨水管

阳台平面

4号租赁住宅

扶手：
美洲松木　60 mm × 30 mm
UC涂装St FB32 mm × 9 mm

木质阳台
防水膜
结构胶合板 t = 24 mm

地板：
复合地板 t = 15 mm
隔热板 t = 12.5 mm
刨花板 t = 20 mm
结构胶合板 t = 24 mm

▼2层地板＝GL+4282

外壁：
金属网（喷绘）砂浆 t = 20 mm
无缝工法
结构胶合板 t = 12 mm
防水透气膜
木龙骨18 mm × 45 mm@225 mm
高性能GW16kg t = 100 mm

墙壁：
胶合板
t = 12.5 mm

顶棚：
油毡纸
PB t = 12.5 mm
GW24kg t = 100 mm
桁条：45 mm × 45 mm
小横梁：45 mm × 120 mm

顶棚：
油毡纸
PB t = 12.5 mm
GW24kg t = 100 mm
桁条：45 mm × 45 mm
小横梁：45 mm × 120 mm

卧室

钢架结构

1号租赁住宅

地板：
复合地板 t = 15 mm
黏合胶合板 t = 12 mm
结构胶合板 t = 24 mm
聚苯乙烯泡沫塑料 t = 75 mm

地板：
复合地板 t = 15 mm
黏合胶合板 t = 12 mm
结构胶合板 t = 24 mm
聚苯乙烯泡沫塑料 t = 75 mm

▼1层地板＝GL+404

钢筋混凝土地板 t = 200 mm
混凝土垫层 t = 60 mm
防潮层上碎石铺装 t = 60 mm

▼设计 GL−BM+1307

南侧外观。1层庭院为住户共用场所。右侧为停车场

剖面详图　比例尺 1:60

使用方式多样化，基本上为两个房间

京都TANAKA集合住宅

设计　田中昭成建筑事务所　清正崇建筑设计工作室　NAWAKENJI-M
施工　WUEDA工程事务公司
所在地　京都府京都市左京区
KYOTO TANAKA APARTMENT
architects: TANAKA AKINARI KENCHIKU OFFICE
　　　　+ SEISHO TAKASHI ARCHITECT'S STUDIO
　　　　+ NAWAKENJI-M

西北侧视角。该集合住宅位于京都市左京区，共四户。房间北侧可看到睿山电铁，东南侧有大文
字山，建设中充分运用这两个方向的景物。每户中的两个房间大小相仿，位置相对，住户可自由
设计。最高高度约11.5 m

北侧视角。据调查得知，周边住宅面向单身人士的租间多有闲置，而家庭式租间入住率却很高。附近有许多大学，对家庭式租间的需求量较大。由此确定了租赁住宅的出租对象。本住宅依山而建，风景优美，屋顶规定要有一定程度的倾斜角度。

4层南侧房间。面朝大文字山。右侧电视机隔板为住户个人安装

厨房视角。左侧房间朝向大文字山，右侧房间朝向睿山电铁。两个房间不仅可以布置成卧室和客厅、餐厅，也可以装修成居家办公形式，分别用作公事和私事，还可以作为合租空间使用。可针对不同的生活方式灵活选择

4层北侧房间。睿山电铁朝向。为了方便住户长期租住，房间内壁铺设水泥木丝板，住户可自由进行设计

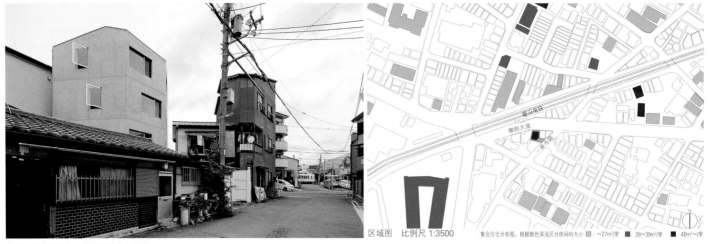

南侧一乘寺路视角。往里可见睿山电铁

左京区内拥有七所大学，数量为市内之最。拥有的学生人数为市内平均数的1.5倍。对计划区域周边的住宅就规模、建龄、租金、入住率等情况进行调查而得知。这一带集合住宅比例很高，每八栋中就有一栋。但是面向单身人士的租间入住率仅为13％，而家庭式租间虽然建成时间长、租金高，入住率却高达80％

区域图　比例尺 1:3500　　集合住宅分布图，根据颜色深浅区分房间的大小　■：～27m²/室　■：28～39m²/室　■：40m²～/室

1层平面图兼区域图　比例尺 1:150

两个房间的可利用方式

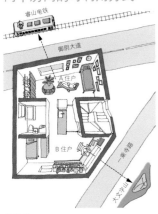

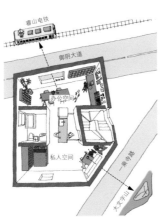

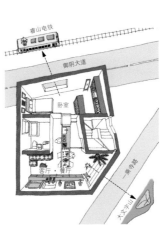

合租式
喜欢晚睡的A住户可以住在北侧睿山电铁朝向房间，喜欢早起的B住户则可以住在东南侧房间，那里可以看到大文字山。由于窗口设置在离地面700 mm高的位置，可以在窗边安放一张书桌，尽情欣赏大文字山景色

居家办公式
进入玄关可以直达任意一侧房间，十分便于居家办公。将睿山电铁朝向房间设成办公空间，光线充足。厨房也可用作接待室

家居式1
东南侧明亮的大文字山朝向房间可以布置成餐厅或休息场所。可移动收纳柜用来隔断室内空间，也可用作壁橱

家居式2
大文字山朝向房间有两个窗户，可以用可移动收纳柜进行隔断，分隔成两个房间。若是将大文字山朝向房间用作卧室，可以为孩子创造出独立的房间

标准层平面图　比例尺 1:50

从3层大文字山朝向房间看向厨房。里侧是睿山电铁朝向房间

睿山电铁与大文字山

接到建造对外租赁住宅的委托，我们对这座邻近京都大学和京都艺术造型大学的住宅进行了周边情况分析。结果发现：①单身租户已呈现饱和状态，②在预算上需要扩大房间规模从而减少户数。因此将房间户型暂定为适合夫妻同住的家庭式，共四户。不过由于房间数量减少，租赁对象又受到限制，会产生房屋空置的风险。这座住宅处在临时房屋和仓库的包围之中，环境复杂。前后分别面对着御阴大道和一乘寺路两条道路，这一特殊地理位置成为设计的重要突破点。从御阴大道看到令人感到亲切的睿山电铁（下文简称"睿电"），从一乘寺路可看到的深沉稳重的大文字山，这些都给人留下深刻的印象。

比较提倡的一种户型是对称式户型结构。使两侧可以俯视到睿电的睿电朝向房间与可以仰视大文字山的大文字山朝向房间遥相呼应，中间夹着厨房。这种规模的租赁住宅一般都提前设计好每个房间的具体用途。但在这里仅仅将房间按照环境的差异划分为"睿电朝向"和"大文字山朝向"，并没有做具体的用途安排。多为动态景观的是"睿电朝向"，光线明亮的则是"大文字山朝向"。至于用作卧室还是用作客厅则全凭住户喜好来定。当然，不仅可以作为夫妻二人居住的卧室和客厅，也可以布置成居家办公形式，将空间划分为私人空间和办公空间。还可以由两个学生合租，划分成两个独立的空间。为了确保可以自由支配空间，特地选用可移动的隔断式收纳柜。同时，住户无需顾虑能否将其恢复原状。建筑材料选用的是木丝水泥板，这种材料既隔热又可用作装饰材料。可自由布置空间这一理念不仅扩大了租住人群的范围、降低闲置风险，灵活的布局方式也增加了租户长期租住的可能。

（田中昭成）

（翻译：吕方玉）

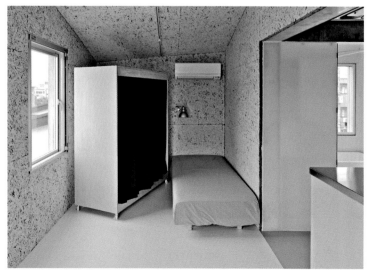

3层大文字山朝向房间。备有可移动收纳柜，可用于隔断空间

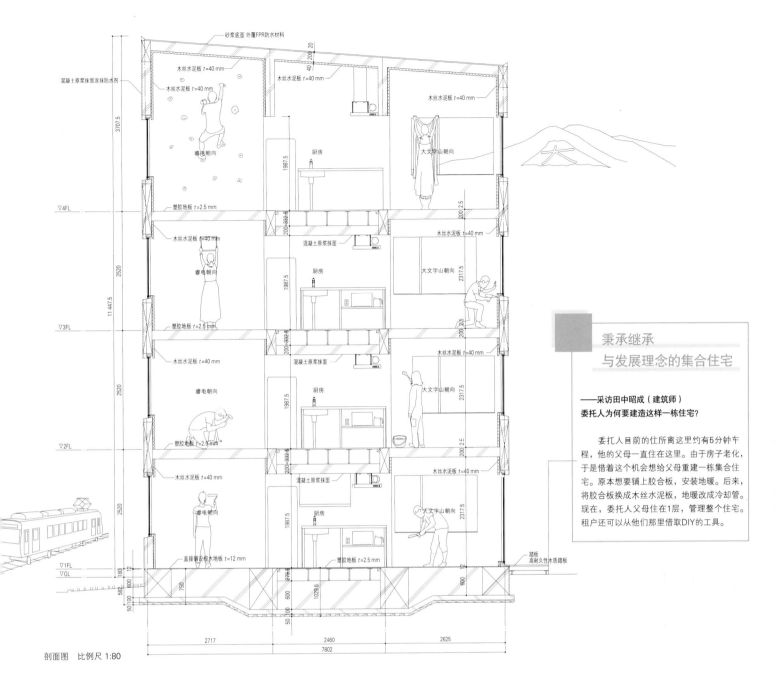

剖面图 比例尺 1:80

秉承继承
与发展理念的集合住宅

——采访田中昭成（建筑师）
委托人为何要建造这样一栋住宅？

    委托人目前的住所离这里约有5分钟车程，他的父母一直住在这里。由于房子老化，于是借着这个机会想给父母重建一栋集合住宅。原本想要铺上胶合板，安装地暖。后来，将胶合板换成木丝水泥板，地暖改成冷却管。现在，委托人父母住在1层，管理整个住宅。租户还可以从他们那里借取DIY的工具。

所在地：京都府京都市左京区
主要用途：集合住宅
所有人：个人

设计————————————————
建筑・监理：田中昭成建筑事务所
  负责人：田中昭成
  清正崇建筑设计工作室
  负责人：清正崇
结构：NAWAKENJI-M
  负责人：名和研二　下田仁美
设备：Lapin建筑设计工作室
  负责人：高桥计之

施工————————————————
建筑：WUEDA工作室
  负责人：植田贤市
卫生：共和水道
电气：明星电工

规模————————————————
用地面积：100.16 m²
建筑面积：46.76 m²
使用面积：187.05 m²
  1层：46.76 m²
  2层：46.76 m²
  3层：46.76 m²
  4层：46.76 m²
建蔽率：46.68%（容许值：70%）
容积率：186.75%（容许值：200%）

层数：地上4层

尺寸————————————————
最高高度：11 476 mm
房檐高度：11 388 mm
层高：2520 mm
顶棚高度：1~3层：2317.5 mm
          4层：2872.9 mm
主要跨度：2460 mm x 6719.5 mm

用地条件————————————————
地域地区：第1种居住地区　防火地区　依山风景区
道路宽度：东南5.9 m　北9.9 m
停车辆数：1辆

结构————————————————
主体结构：钢筋混凝土结构
桩・基础：板式基础

设备————————————————
环保技术：冷却管
空调设备
空调方式：室内空气调节器
卫生设备
供水：自来水管直接供水方式
热水：局部供给方式（燃气瞬间热水器）
排水系统：公共下水（自然流下方式）
电力设备
供电方式：低压供电
额定电力：各室40A　共用20A

防灾设备————————————————
防火：灭火器
排烟：自然排烟

工期————————————————
设计期间：2013年9月~2014年8月
施工期间：2014年9月~2015年3月

外部装饰————————————————
屋顶：东洋橡胶
外壁：大同涂料
开口部：不二SASSHI　三和SYATTA
外观：姬高丽芝　川石

内部装饰————————————————
1层
地板：NAKAMURA
墙壁：神户不燃板工业　旭TOSUTEMUUO-
    RU　岐阜塑料
2・3层
地板：TAJIMA
墙壁：神户不燃板工业　旭TOSUTEMUUO-
    RU　岐阜塑料
4层
地板：TAJIMA
墙壁：神户不燃板工业　旭TOSUTEMUUO-
    RU　岐阜塑料
顶棚：神户不燃板工业
主要使用器械————————————————
不锈钢厨房：丹诚厨房

水龙头：JW　骊住
排油烟机：富士工业
浴缸：SANWAKANPANII
洗手池：骊住
燃气热水器：RINNAI
可移动隔断家具：田中昭成建筑事务所

租金・单元面积————————————————
户数：4户
住户可用面积：41.86 m²
租金：8.5万日元
管理公司：202公司　滋野义则
电话：090-9703-4044
——摄影：日本新建筑社摄影部

田中昭成（TANAKA・AKINARI）

1971年出生于爱知县/1994年毕业于九州大学工学系建筑专业。同年，就职于青木淳建筑设计事务所/1996年就职于C+A设计公司/2003年成立田中昭成建筑事务所

古租户共同设计的带店铺住宅

大森胡同　转运之家

设计　古谷建筑设计事务所
施工　TORASUTO
所在地　东京都大田区
OMORI LODGE HAKOBUIE
architects: FURUYA DESIGN ARCHITECT OFFICE

东侧道路视角。大森胡同位于东京都大田区，是一个拥有40多年建龄的联排住宅改建之后的总称。转运之家位于大森胡同的一角，是一座3层木结构建筑，可容纳2户租户，带有店铺。租户在改建之初就已招到，由委托人、设计师以及2户租户共同进行住宅设计

大森胡同中央小路视角。位于2层的阳台延展了
小路的空间，采用与周边建筑群相同的色调，与
周围景色融为一体

东侧视角。左侧为大森胡同G栋建筑。1层用作店铺，2、3层用作居住空间。2层的大部分空间建成阳台

2层顶棚。采用外露柱实现防火设计。抬高的空间能让人 更好地欣赏周边风景

F栋：
画廊

E栋：
闪亮之家

转运之家

育生广场

凉亭：
谈心小筑

G栋：
远望之家

H栋：
主屋

C栋：
兴盛之家

B栋：
微风之家

A栋：
日光之家

灯火之门

寒暄之路

N

大森胡同 平面图兼区域图 比例尺 1:200

I栋：
转运之家

G栋：
远望之家

凉亭：
谈心小筑

C栋：
兴盛之家

B栋：
微风之家

灯火之门

南北剖面图 比例尺 1:300

2层阳台俯瞰视角。阳台宽度1800 mm ~2300 mm，呈"コ"字形

与租户共同建设新住宅的构想

"在买房还是租房这一二元论的基础之上，我们想要探求一种新型供房模式，能够使大森胡同更具开放性，并且能使建筑产生区域性价值。"基于业主的这番话，我们对租户进行招募。应声而来的租户与业主想法不谋而合，设计者们同心协力，在大森胡同一角的空地上开始了此项工程。

根据宅基地的形状、周围道路情况等条件，决定将住宅的1层设计成两间店铺，将2层设计成店铺主人的住处。这样一来就有了商谈事宜的地方。通过施工过程中与邻里的交流、上梁仪式以及做年糕等活动，让我们自然而然地意识到构建各自的理想化住宅（即租户参与房屋设计）有利于环境优化。开一家餐饮店是"多选食堂"的店主多年以来的心愿，如今，它终于在这里实现了。另一家店"yamamoto store"则将住宅1层布置成客厅、店铺两用的形式，使顾客能真正获得宾至如归的感受。两家人虽然拥有不同的生活，但通过2层阳台空间的设计，拉近了彼此的距离。

2层阳台采用外露柱形式来实现防燃设计。被柱子包围的空间能够近距离欣赏街景，同时给人一种身处半空的漂浮感，使人心旷神怡。换言之，我们期待它作为一种空间广告，能够体现出这里是人们在生活与工作夹缝中的休息场所。"转来梦想""转来顾客""转来生活""转来运气""转来神佑"，转运之家的魅力将在这里得以展现。转运之家代表的是一种生活方式，希望今后这种融洽的住宅租借供给形式能够传播开来。

（古谷俊一）

（翻译：吕方玉）

左上：东北视角
左下：配合这次改建计划进行整改的育生广场。在这里铺设砂浆地面，栽培各种草木，为大森胡同的住户们提供活动的场所
右上：大森胡同的入口，灯火之门。大森胡同建筑群的老建筑始建于昭和30~40年代，共有8栋，建龄均在40年左右。大森胡同是它们改建之后的统称
右下：中央小路视角。左侧是凉亭。利用凉亭以及小路周边空地进行活动

东侧住户1层店铺　　东侧住户2层客厅　　东侧住户3层居住空间　　上：西侧住户1层店铺
下：西侧住户2层工作间

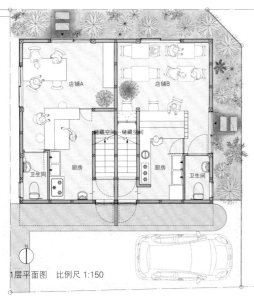

1层平面图　比例尺 1:150

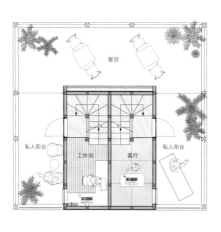

2层平面图

3层平面图

业主和租户共同打造良好的居住环境

——采访矢野一郎·典子夫妻

请向我们介绍一下住宅周边的区域。

从前，这里流行养殖海苔。但是由于填海造地，缩小了海苔养殖范围，就集中改成了海苔晒场。后来，就建起了公寓。大森胡同联排住宅还保留着当时的模样。如今，旧公寓基本上已经被拆光，小商店和家庭作坊也少了很多。这里作为京滨特快线的一站已经基本见不到它原来的特征，成了一个人员混杂的地区。既有土生土长的老者，也有住在新建住宅、公寓里的单身人士或家庭租户。

对于如今的租房体系有什么样的想法？

说起租房，现在一般都会通过房地产商签订租房合同。但是，我们认为第三方人士难以了解大森胡同的独特性。这里的业主一般都直接与有意向的房客进行沟通。另外，土地同水和空气一样都是社会的共有资源，因此，我们也可以把建筑当作滋养生活者生命的地方。我们不希望采取往常只注重投资效率的规划方式，对空间的分配方式，包括庭院的设计等都采用不同以往的思路。

随着人口的锐减和社会的快速发展，租赁住宅的经营前景变得十分严峻。住宅的价值取决于租户和住宅本身。"买东西想要买到能让人产生共鸣的公司的产品"，考虑到租户在租房时也会有这样的想法，大森胡同相比建筑本身，更注重其人性化的内在。希望对此有同感的各位能来大森胡同，与我们共同创造一种全新的租住方式。

请给我们讲一下"转运之家"在设计过程当中所做的尝试。

"租赁住宅重要的不仅是提高自家房产的价值，提升整个区域的价值也非常重要。"这是现在的主流想法，但是对个人来说却并不那么简单。大森胡同一直以来都提倡业主与租户之间的交流，但是，实际上并没有达到很好的效果。这次，转运之家采用全新的店铺住宅两用式设计主要有两个目的：其一是使业主与租户拥有共同的利益目的，拉近业主与租户的关系，使他们往事业伙伴上靠近；另一个是在诸多邻居光顾店铺的过程中增加住宅知名度，打造"街中街"。我们认为只有让住的人在住的地方经营店铺的这种住宅才能提升街道的活力。另外，想要借由租户与租户、租户与业主之间互相提供服务这种

方式来逐渐恢复从前的小经济模式，这样租户也可以自然而然地帮忙进行住宅的日常管理等相关工作。

图片提供：W3STYLE

邀请同地区的人参加夏季庆祝活动

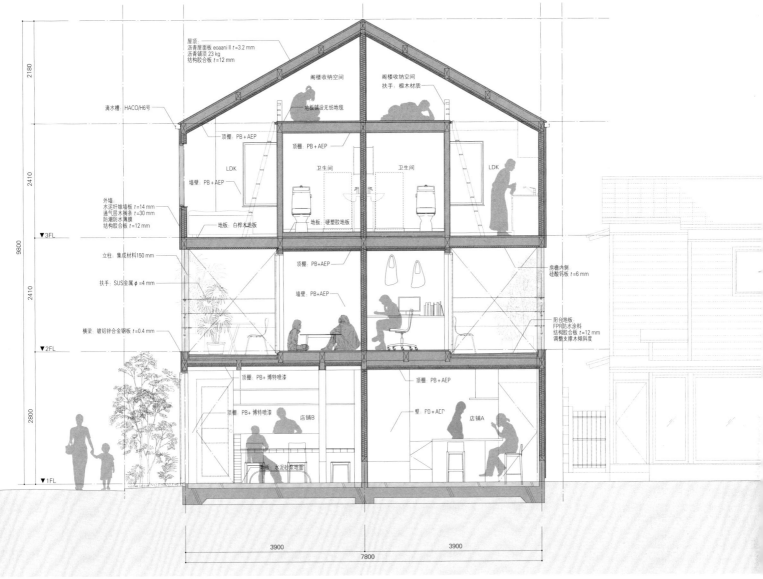

东西剖面详图　比例尺 1:80

所在地：东京都大田区
主要用途：带有店铺的联排住宅
所有者：个人

设计
建筑・监理：古谷建筑设计事务所
　　　负责人：古谷俊一　宫胁久惠　后藤芽衣
结构：KAP
　　　负责人：萩生田秀之
施工
建筑：TORASUTO
　　　负责人：海老泽俊夫　佐藤一男　下道
　　　泰宽　福岛文治　田中胜巳
空调：稻毛设备
　　　负责人：稻毛博
卫生：es-works
　　　负责人：岛崎友治
电力：KEYAKI电气
　　　负责人：朴泽直树
泥瓦涂抹：惠工业
　　　负责人：园原惠司
基础：中岛土建
　　　负责人：中岛圣仁
屋顶金属板材：KEITECH
　　　负责人：清川贵史
门窗：Kenwood
　　　负责人：齐藤贤一
造园：大纲园艺　负责人：酒井荣一
规模

用地面积：105.64 m²
建筑面积：56.79 m²
使用面积：142.88 m²
1层：49.69 m²/2层：36.40 m²
3层：56.79 m²
建蔽率：53.76%（容许值：60%）
容积率：135.26%（容许值：200%）
层数：地上3层
尺寸
最高高度：9796 mm
房檐高度：7616 mm
层高：1层：2900 mm/2层：2410 mm
顶棚高度：店铺：2400 mm
LDK：2200 mm~2950 mm
主要跨度：7280 mm×7800 mm
用地条件
地域地区：第1种居住地区　防火地区　第2
种高度地区
道路宽度：东4 m　北4.36 m
停车辆数：1辆
结构
主体结构：木结构
桩・基础：板式基础
设备
空调设备
空调方式：室内空气调节方式
热源：城市天然气　电力
卫生设备

供水：自来水管直接供水方式
热水：局部供给热水方式
排水：公共下水道合流方式
电力设备
供电方式：低压供电方式
防灾设备
灭火：火灾报警设备　灭火器
工期
设计期间：2014年6月~2014年12月
施工期间：2014年12月~2015年6月
外部装饰
屋顶：田岛应用化工
外壁：KMEW
开口部：骊住
内部装饰
店铺
墙壁・顶棚：NENGO
工作间・工作区域
地板：HOEEST AND PARTNERS
榻榻米：KITSUTAKA
LDK
地板：HONEST AND PARTNERS
卫生
地板：田岛roofing
租金・单元面积
户数：2户
住户可用面积：43.295 m²
宣传资料

大森胡同网址：http://www.omori-lodge.net
■多选食堂
营业时间：10:00 ~ 22:00
休息日：星期日、星期一
电话：03-6356-5939
电子邮件：tagui@taguishokudo.com
■yamamoto store
营业时间：11:00 ~ 20:00
营业日：星期日、星期一、星期二（营业时间
　　　不固定，请提前咨询）
电子邮件：info@yamamoto-store.net
——摄影：日本新建筑社摄影部（特别标注除
　　　外）

古谷俊一（FURUYA・JUNICHI）
个人简介详见第52页。

创建一个通过"农业"将人与人、人与城市相连接的小区
足立农业城市工程
WAKAMIYA HEIGHTS

设计　落合正行/PEA...
施工　阿部建筑...
所在地　东京都足立区
WAKAMIYA HEIGHTS
architects: PEA...

南侧视角。将东京足立区已建成39年的木质公寓（8户）改建成6个房间，以及一个拥有公共办公室、厨房、休息室的公共区域，并设有住户共有的菜园。而且在距此1.4km的地方，公寓所有人还经营有可供租借的农园——伊兴农园，旨在通过"农业"来促进住户之间以及城市与人之间的交流。

从中央过道看向东侧房屋。1层的公共区域是将原本的房间改成了厨房、休息区，并对入住者开放。公共区域的外墙涂黑，与屋外相连的部分铺设混凝土地砖

天气晴朗时，居民在菜园和主楼生活，还把菜园各对面的屋廊前，中心厅堂与桌旁的室内空间，外区指示牌体标原部

公共空间。一半以上面积铺设了混凝土地砖，通过大的
开口处实现外部连通，形成一个开放式空间。与伊兴农
园联合推行的研习会等活动也在这里举行

建筑南侧视角。除掉原本停车场的混凝土路，在那里开垦一个菜园（硕果累累的庭院）。在公寓所有人的指导下，大家一起种蔬菜水果。里面有20多种植物，大部分都是可食用的

左上：2-C住户。将所有房间的卧室与厨房、餐厅打通。2层房间拆除原有天花板，将顶棚提升到房梁高度。2层天花板高度为2780 mm/右上：1-D住户的洗手处。更新排水管道
左下：1-A住户。1层铺设水泥地，将其与庭院直接连通。在房间外壁贴上三合板，起到加固的作用。开口部位、榻窗、沙墙、柱子、横木等都保持原貌/右下：公共办公室（1-B）。左侧的水泥地是讨论区

打造美丽的城市

　　从位于东京都足立区北部的西新井到伊兴，曾经是一派田园风光。但是随着房地产开发的不断深入，农业逐渐衰退，如今到处都是复制般的住宅、千篇一律的公寓以及沥青铺设的停车场。我们对于其中西新井的木质出租公寓WAKAMIYA HEIGHTS（含8间房）与位于伊兴的两处利用率低的空间（1000 m²）进行商讨。业主居住在足立区内，希望活用这片土地，不仅仅是为激发区域活力，也希望通过努力带动整个城市的发展，给城市增添新的活力。通过反复的研究讨论，提出通过深深扎根于人们心中的"农业"将人与人之间连接起来的项目——足立农业城市工程。

生产基地=区域联合的公寓

　　近年来，表示"希望入住者可以长期居住"的业主不断增加。一般，在此之前，公寓都只注重单户性能，没有利用公寓连接公共区域的潜在优势。建筑性能随着时间推移不断落后，因此有必要推行相对成熟的公寓改良机制。

　　已建成39年的木质出租公寓WAKAMIYA HEIGHTS也面临着建筑寿命以及构造上的问题，计划对其进行加固以及内部设备更新。除此之外，计划将一个房间改成公共区域（厨房、休息区），外部改造成菜园（硕果累累的庭院）。我们把公共区域与菜园称为"生产基地"。将菜园中采摘的青菜与果实在公共厨房中烹饪，大家共同分享。大家聚在一起，通过美食而相识相知。而且，此处正好位于胡同的延长处，周围住户出入十分方便，是周围的连接点，不难想象擅长做饭的住户邀请邻居来家做客，大家一起挽起袖子在厨房忙活的场景。所谓生产，就是为区域之间创造更多

的联系，使公寓发展日渐成熟的一项机制吧。这项机制需要根据实际情况推行，也跟租住者与业主有关，今后将致力于打造可以带动城市发展的建筑。

　　在伊兴推进租赁农园（伊兴农园）建设。计划在那里建设厨房、休息室等"生产基地"，打造一栋全新的公寓。

（落合正行）

（翻译：孙小斐）

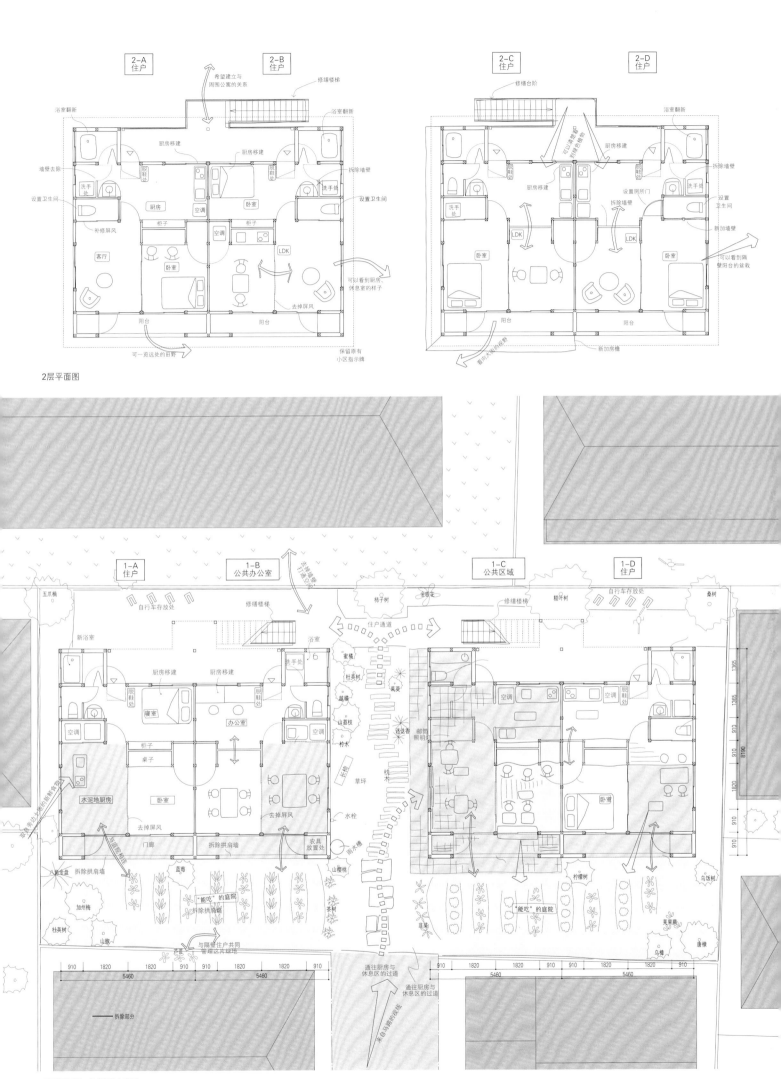

2层平面图

1层平面图　比例尺 1:150

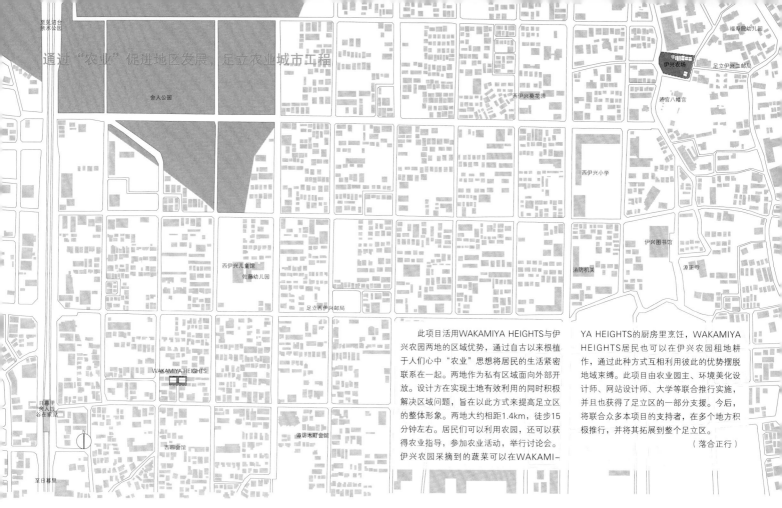

通过"农业"促进地区发展，足立农业城市工程

此项目活用WAKAMIYA HEIGHTS与伊兴农园两地的区域优势，通过自古以来根植于人们心中"农业"思想将居民的生活紧密联系在一起。两地作为私有区域面向外部开放。设计方在实现土地有效利用的同时积极解决区域问题，旨在以此方式来提高足立区的整体形象。两地大约相距1.4km，徒步15分钟左右。居民们可以利用农园，还可以获得农业指导，参加农业活动，举行讨论会。伊兴农园采摘到的蔬菜可以在WAKAMI-YA HEIGHTS的厨房里烹饪，WAKAMIYA HEIGHTS居民也可以在伊兴农园租地耕作，通过此种方式互相利用彼此的优势摆脱地域束缚。此项目由农业园主、环境美化设计师、网站设计师、大学等联合推行实施，并且也获得了足立区的一部分支援。今后，将联合众多本项目的支持者，在多个地方积极推行，并将其拓展到整个足立区。

（落合正行）

区域图　比例尺1:6000

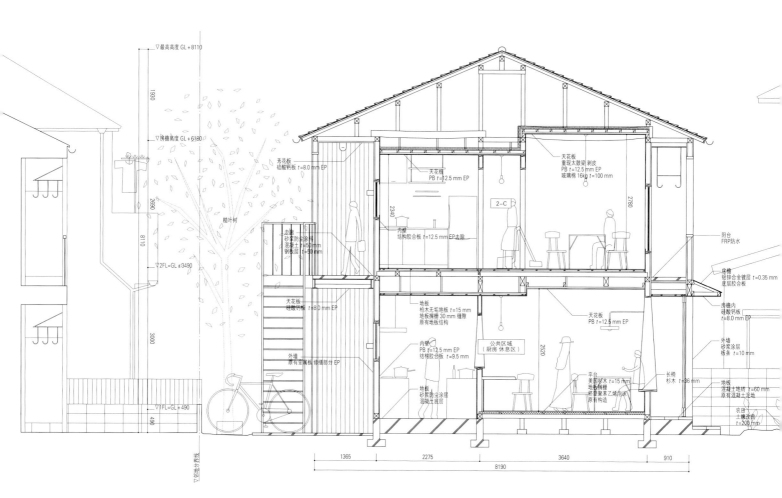

剖面详图　比例尺 1:80

基于历史，通过"农业"将居民与城市相连

采访山崎有康氏（业主）————

建筑周边是怎样的呢？

追溯到江户时代，足立区是一个向幕府供米的地方（田园地带），大约30年前，那里还可以看见一片田园的景象。但是，近年来比起农业，东京都更加重视房地产开发，足立区的田园风光渐渐消失，逐渐被城市建筑所取代，过去的景象也很少看到。

对于出租公寓，最重要的是什么呢？请基于这次项目的实践来回答。

我觉得打造一座具有历史韵味的城市是非常重要的。现在的足立区充斥着完全没有特色的街道与建筑。那真的有魅力吗？真的值得特地到此吗？我很喜欢以前足立区田园式的美丽风景，冬天可以看到烧荒、制造熏炭的烟，夏天可以听到青蛙与蝉的鸣叫。在出租公寓供给过剩的现状下，附近公寓的空房逐渐增多，作为一项规避风险的措施，我觉得有必要减少对房间规格的依赖程度，着眼历史，打造田园风光，彰显足立区独有的魅力。在人际关系冷漠、社会保障制度不完善的现代社会，当务之急是建立一种不依赖行政的安全网。因此，提出了把农业作为居民与城市之间的纽带的构想。没有了纽带，人与人之间就不能形成稳定的关系，这点我深有体会。通过参与与农业相关的野外团体活动我更加坚信了这个观点。

请介绍一下今后的发展规划。

在设计师们的共同努力之下，通过本公寓的公共空间的建设，希望可以推进城市规划并且提高足立区的影响力与文化底蕴。期待通过这样的方式吸引更多感性的人汇聚于此。从事业角度来看，确实要考虑它的收益。我确实也想把资金多投向公寓建筑，但是我们本次项目的方针不是为了突显建筑本身的魅力，而是为了打造区域社区，为了促进城市的规划管理，这是我坚定不变的信念。

上：WAKAMIYA HEIGHTS南侧视角
下：伊兴农园。出租农园，离WAKAMIYA HEIGHTS有大约15分钟左右的路程（徒步），与WAKAMIYA HEIGHTS为同一土地所有人

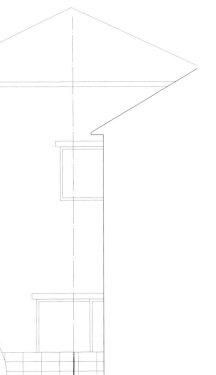

所在地：东京都足立区西新井4-40-4
主要用途：合租公寓（出租）
所有人：个人

设计————
建筑·监理：PEA
　　负责人：落合正行　杉本将平
结构：樱设计集团
　　负责人：佐藤孝浩
外部结构：LI design associate
　　负责人：吉冈秀幸　吉冈智美

施工————
建筑：阿部建筑
　　负责人：山本克生　渡久地政人
木匠：滨边工务店
　　负责人：滨边辉彦
涂漆：西卷涂漆
　　负责人：西卷义宪
门窗隔扇：渡边建具
　　负责人：渡边光一
卫生：平和设备
　　负责人：茨城康弘
电气：荣晃商事
　　负责人：北川康幸

规模————
用地面积：408 m²
建筑面积：155.14 m²
使用面积：348.00 m²
1层：158.99 m² / 2层：189.00 m²
建蔽率：38%（容许值：50%）
容积率：85%（容许值：150%）
层数：地上2层

尺寸————
最高高度：8110 mm
房檐高度：6180 mm
楼梯高度：1层：3000 mm / 2层：2690 mm

顶棚高度：1层：2340 mm / 公共区域：
2520 mm / 2层：2780 mm

用地条件————
地域地区：第1种低层居住专用区　防火地区
　　第2种高度地区
道路宽度：南4.5 m

结构————
主体结构：木结构
桩·基础：连续基脚基础

设备————
空调设备
空调方式：热泵
热源：电力
卫生设备
供水：加压供水方式
热水：蒸汽供水方式
排水：用地内合流排水方式
电气设备
受电方式：低压受电方式
设备容量：60 A
额定电力：各40 A
防灾设备
消防：灭火器
排烟：自然排烟
其他：住宅火灾报警器

工期————
设计期间：2014年2月～12月
施工期间：2014年12月～2015年6月

主要使用器械————
空调：日立
卫生器具：SANWAKANBANI
照明：MAXRAY Atelier Key-men

租金·单元面积————
户数：6户
住户可用面积：34.78 m²

租金：80 000日元

——摄影：日本新建筑社摄影部（特别标注除外）

落合正行（OCHIAI·MASAYUKI）

1980年出生于三重县/2003年毕业于日本大学理工学系/2005年修完该大学研究生院理工学研究科建筑学专业研究生课程/2005年～2011年就职于山中新太郎建筑设计事务所/2011年创立PEA/2012年成为日本大学理工学系理工学研究所研究员/2014年任同大学理工学系城市设计工学科副教授

翻修计划需要适合老年群体以入群居住的空间

荻洼家族设计工程

设计　连健夫建筑研究所
翻修计划　Tsubame Architects
施工　岩本组
所在地　东京都杉并区
OGIKUBO FAMILY PROJECT
architects: MURAJI TAKEO ARCHITECTURAL LABORATORY + TSUBAME ARCHITECTS

适合创造包含年轻人在内的各个年龄段人群居住的公寓。地上3层，包含公寓所有人在内共15个住户，设有多个具有实用功能的公共空间。为了使入住者与当地居民都能够利用这里的公共设施，针对设计、施工进行多次讨论

区域图 比例尺 1:2000

东南视角。面向1层阳台的是有集会室、画室等的公共空间。2
层~3层是租户与业主的房间

左上：入口一侧的庭院。为了在确保1层公共外部空间的同时确保住户数量，将2层的部分房间设计成外突式/左下：用作事务所的1层房间/右上：设有公共厨房的休息区（2层）/右下：从公共画室看向木地板阳台。墙壁采用易于悬挂绘画工具的有孔板

新式建筑

　　这个项目的宗旨是建造"区域开放型、合租式、多代人共住的出租公寓"。自2012年便开始着手设计，之后业主（瑠璃川）等四五名核心成员不断商讨创意计划。本项目灵感来源于瑠璃川照顾父母时的体验。瑠璃川夫妇从拼贴画中获得设计灵感，不断学习各种各样的平面图设计，从而渐渐得出本项目的具体内容与形式，特色是"对整个区域开放""共同参与，积极合作""多代共同居住"。业主不需要专用楼梯，而且与租户共同利用3层的

浴室，这些其实都超出了我原本的想法。空间构成很有层次感，包括住户（私人空间），集会室（育儿教育、保健咨询等多种用途）、休息区等开放式空间（公共空间）。在设计上，虽然各住户的面积都为25 m²，但是设计方式却不尽相同。将2层设计成外突式，扩大1层周围的有效空间，配合荻洼的整体城市风格，打造出具有独特魅力的公寓。此次Tsubame Architects参与实施的翻修计划是一次独一无二的尝试：不仅仅在设计时有讨论会，在完工后，围绕公共空间的设计装修仍进行积极讨论，

旨在打造出更加舒适、更有魅力的公寓。在这个过程中，大家互相碰撞思想火花，研究翻修方案，产生了多种创意，大家共同参与进行附带图案的地板铺贴以及现场涂漆等等，施工过程中会特意留有部分空白空间让入住者自由设计。

（连健夫）

（翻译：孙小斐）

建设前后的会议及活动

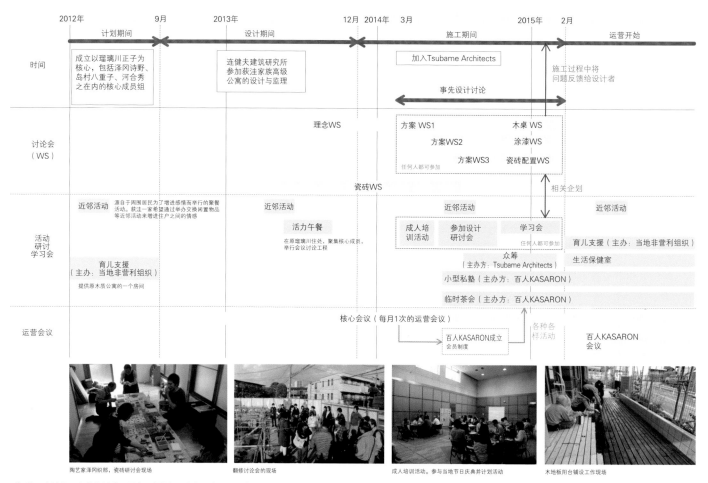

	2012年	9月	2013年	12月	2014年	3月		2015年	2月	运营开始
	计划期间		设计期间			施工期间				
时间	成立以瑠璃川正子为核心，包括泽冈诗野、岛村八重子、河合秀之在内的核心成员组		连健夫建筑研究所参加荻洼家族高级公寓的设计与监理			加入Tsubame Architects			施工过程中将问题反馈给设计者	
						事先设计讨论				
讨论会（WS）			理念WS			方案 WS1	木桌 WS			
						方案WS2	涂漆WS			
						方案WS3	瓷砖配置WS			
						任何人都可参加				
			瓷砖WS				相关企划			
活动研讨学习会	近邻活动 源自于周围居民为了增进感情而举行的聚餐活动。荻洼一家希望通过举办交换闲置物品等近邻活动来增进住户之间的情感		近邻活动			近邻活动			近邻活动	
			活力午餐 在原瑠璃川住处，聚集核心成员，举行会议讨论工程			成人培训活动	参加设计研讨会	学习会 任何人都可参加	育儿支援（主办：当地非营利组织）	
	育儿支援（主办：当地非营利组织）提供原木质公寓的一个房间					众筹（主办方：Tsubame Architects）			生活保健室	
						小型私塾（主办方：百人KASARON）				
						临时茶会（主办方：百人KASARON）				
运营会议			核心会议（每月1次的运营会议）			百人KASARON成立 会员制度		各种各样活动	百人KASARON会议	

陶艺家泽冈织部，瓷砖研讨会现场　　翻修讨论会的现场　　成人培训活动。参与当地节日庆典并计划活动　　木地板阳台铺设工作现场

时间轴。建筑完工之前的活动。活动不断有新人参与，为了创造出认可度更高的空间，多次举行现场体验活动，并将其成果应用于具体设计
（四张照片提供：百人KASARON）

左上：1层集会室。墙壁一侧贴了一面镜子，用于太极拳等活动使用，另一面涂成了黑板。现在，每周在这里举行一次育儿活动与健康咨询会/左下：1层休息室。不仅仅是入住者，荻洼家族高级公寓会员制的会员也可以使用/右：楼梯旁的"my书架"可以摆一些书，供人们阅读

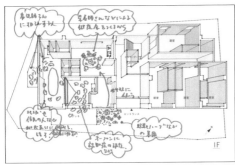

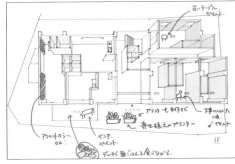

通过多次现场体验产生各种各样的创意。右下图是设想特定人物在荻洼家族公寓与荻洼城市中如何生活的展示图

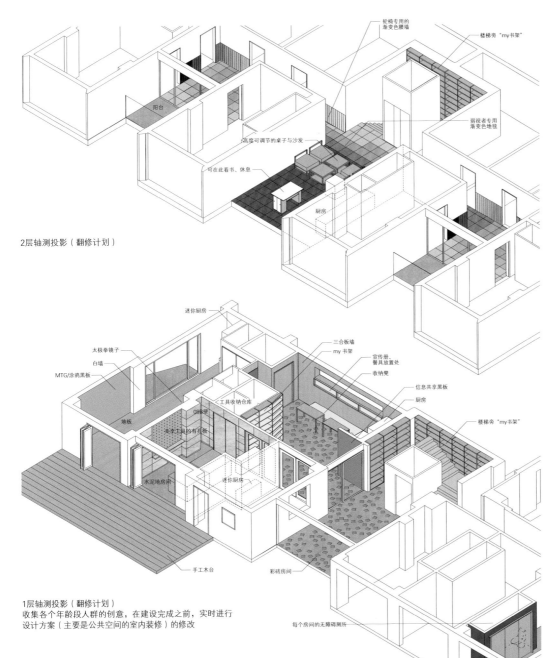

2层轴测投影（翻修计划）

轮椅专用的渐变色腰墙

楼梯旁 "my书架"

阳台

弱视者专用渐变色地毯

高度可调节的桌子与沙发

可在此看书、休息

厨房

1层轴测投影（翻修计划）
收集各个年龄段人群的创意，在建设完成之前，实时进行设计方案（主要是公共空间的室内装修）的修改

迷你厨房

太极拳镜子

白墙

MTG/涂鸦黑板

地板

工具收纳仓库

波孝工具的有孔板

QBB写

水泥地房间

迷你厨房

手工木台

彩砖房间

每个房间的无障碍厕所

三合板墙

my 书架

宣传册、餐具放置处

收纳凳

信息共享黑板

厨房

楼梯旁 "my书架"

上：住户居室。墙壁没有全部完工，而是留有一部分让入住者亲自动手完成/下：2层走廊的地毯，采用对老年人来说辨识度高的色差较大的配色方式

上：1层画室。有孔板与定向结构刨花板/下：带图案的地砖。铺设在入口与休息区

多代人共住的新型建筑
为大家庭打造一片新天地

瑠璃川正子（荻洼家族工程业主）×连健夫（连健夫建筑研究所）
×山道拓人（Tsubame Architects）×千叶元生（Tsubame Architects）
×西川日满里（Tsubame Architects）

图片提供　日本新建筑社摄影部

从左至右：山道拓人 千叶元生 西川日满里 连健夫 瑠璃川正子

荻洼家族高级公寓是一座适合各个年龄段人群居住的公寓。在建筑完工之前，向业主瑠璃川女士、设计师连先生、山道先生、千叶先生、西川女士了解今后的展望。（编）

瑠璃川正子（以下简称"瑠璃川"）：

现在的荻洼家族公寓的前身是老家父亲所有的一栋木质出租公寓。近年来，在照顾年迈父母时，留意了周围的老年人福利院。我并不是很喜欢那些只有老人居住的养老院，因为那里的老年人很容易从当地生活中孤立出去。于是我希望打造一栋公寓，老人有自己的房间，走出来之后就是各个年龄段人的居住区。为了收集信息，由支持我们的老年社会学者泽冈诗野、善于制作护理方案的岛村八重子、大型公司推荐的河合秀之组成荻洼家族团队，积极与附近居民进行交流，举办各种近邻活动。

——那么，具体是怎样实现的呢？

瑠璃川：当初尝试过在公寓进行10人以下的小规模白天服务运营方式。但是，经营遇到了很大的困难。而且，建立日间服务中心感觉与整体很不协调，所以便设置了集会空间，相信会有很多老年人来参加活动。

连健夫（以下简称"连"）：与瑠璃川女士商讨过后便开始进行设计。但是在打造多年龄段人一起居住、共同交流的公寓的同时，保持原本的建筑风格就十分困难。比如，这里各个房间都设有厕所、淋浴，这与宿舍（合租房）特点并不相符。而且，有人认为集会场所等会如电影院的大厅一般混乱。于是我们细心解释：利用者必须互相为朋友，并且我们没有任何商业目的。而这时，我才切身感受到了这是一个全新的建筑方式。作为设计者，我并不能自己决定所有的事情，需要跟参与设计、施工的人一起讨论，从而带来更好的作品。

——怎样的设计方式才能适合举办各种各样的活动？

连：在设计阶段，我们邀请了部分将来的入住者，以及将来可能利用公共区域的人进行实地体验。而且，在开工以后，我们也收集各种有趣的创意，在建设完成之前，实时进行设计方案的修改。对于室内设计，跟Tsubame Architects沟通，在与不同年龄段的人进行交流的同时，推进设计实施。

山道拓人（以下简称"山道"）：我们加入的时候，

实际上已经开工了。施工现场聚集了30多位不同年龄段、不同行业的人，通过他们的实地体验来征求创意。有各种各样的人参与其中，多次体验了施工现场。竣工时，有的人已经很清楚这里的利用方式。这样的设计方式虽然大大延长了施工时间，却扩大了使用者的群体，增强了实用性。

千叶元生：我们的工作就是对收集来的意见以及创意进行整合，在控制预算的基础上将其反映到设计中。在计划以及剖面图中无法展示的部分，我们认为可以留给个人自由发挥。

西川日满里：给住宅设定具体的生活人物，思考这个人在荻洼是怎样生活的。比如说，年轻留学生怎样生活。以这种方式，个仅仅是在建筑以及设备方面，而且从居住者的角度出发，打造更舒适的居住环境。

——瑠璃川女士，当您看到各个年龄段的人都积极参与进来，您有什么样的感受呢？

瑠璃川：看到很多年轻人都积极参与进来，我感到非常开心，但是我不太明白这和"老年人如何生活"有什么重要联系。

连：这不是一个充满目的性的项目，而是一种尝试性的项目设计方式。像带有图案的地砖，具体将其贴到何处是之后才决定的。即一边思考如何设计搭配，一边进行建设。

山道：在老龄化问题日渐严重的当今社会，老年人的居住问题以及护理问题受到社会越来越多的关注。通过这次的体验，我们这一代人也深切感受到了这个问题，并且对此有了全新的理解方式。

——荻洼家族高级公寓会成为老年人最终的归宿吗？

瑠璃川：我现在并不打算将其打造成老年人最终的归宿，而是希望提供一个可以让老年人随心所欲地生活的场所。可能未来，这里真的会成为他们一直生活的地方。有一位90多岁的入住者对植物非常了解，我就跟她学习如何移种植物。另一方面，我也有稍微可以帮到她的地方。像这样，在这里可以充分展现入住者的个性与个人魅力，这是很基本也很重要的一点。此外，这里有很多无障碍设施，所以，只要本人愿意可以一直在这里住下去。

——建成之后，今后的活动将如何展开呢？

瑠璃川：虽然很费时间，但是我们会一点点向当地人们推广，实行会员制，非住户也可以利用公共区域。我会尽自己最大的努力，希望可以帮到别人。在这里会举办很多活动，聚在一起喝茶的"临时茶会"，请医疗专家做咨询的"荻洼生活保健室"，向专家以及对某个方面很擅长的人学习的"小课堂""育儿活动"，这些活动大约每周举行一次。本公寓的核心理念是打造人与人之间可靠的信赖关系。

连：在此建筑中，一个重要的主题就是如何让私有领域发挥更大的公共作用。从"小课堂"开始与身边的人对话，甚至谈到城市未来的发展问题。建立公寓与地域问题相连接的基础。

山道：国外的人称之为"Ogikubo Post Family Project"。即使不在这里居住，只要跟这里有关，就是我们大家庭中的一员，希望可以建立起这样一种舒服的关系。

（2015年7月9日　荻洼家族公寓　文字：日本新建筑社编辑部）

左侧两张图：设在3层的两种浴室。业主与租户共用。左边双人用，右边单人用

右：各户开口部位宽阔，方便轮椅进入

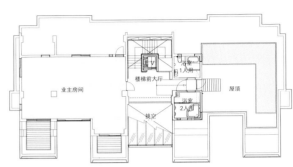

3层平面图

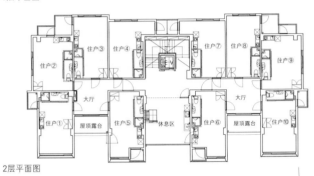

2层平面图

□ 区域开放公共空间　　□ 居住者公共空间
□ 客厅·附带设施

1层平面图　比例尺1:400

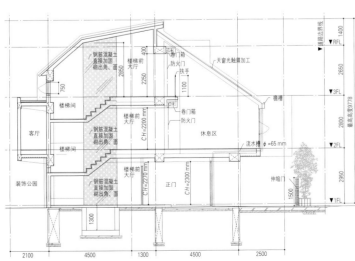

剖面图　比例尺 1:200

所在地：东京都杉并区荻洼 4-24-18
主要用途：公寓
所有人：荻洼不动产　瑠璃川正子

设计

建筑：连健夫建筑研究所
　　　负责人：连健夫　大出真裕
翻修计划：Tsubame Architects
　　　负责人：山道拓人　西川日满里
　　　千叶元生
结构：造研设计
　　　负责人：三好靖晴
设备：岛津设计
　　　负责人：岛津充宏
管理：连健夫建筑研究所
　　　负责人：连健夫　大出真裕
业务推动：Tsubame Architects

施工

建筑：岩本组
　　　负责人：佐藤昌礼
设备：日本设备
　　　负责人：内田真人
电气：新生点设工业
　　　负责人：新井俊范

规模

用地面积：619.21 m²
建筑面积：367.23 m²
使用面积：765.10 m²
1层：277.02 m²/2层：351.67 m²
3层：136.41 m²
建蔽率：59.30%（容许值：60%）
容积率：99.69%（容许值：100%）
层数：地上3层

尺寸

最高高度：9778 mm
房檐高度：9383 mm
层高：1层：2800 mm
　　　2层：2750 mm
　　　3层：2950 mm
顶棚高度：1层：2500 mm
　　　　2层：2350 mm
　　　　3层：2800 mm

用地面积

地域地区：第1种低层居住专用地区　防火地区
大田黑公园周边地区
道路宽度：东2400 mm　西5600 mm
　　　　南7100 mm
停车辆数：2辆
自行车停车辆数：16辆

结构

主体结构：钢筋混凝土结构
桩·基础：桩基础

设备

空调设备

空调方式：空调　电力地暖式
换气方式：单独换气方式

卫生设备

供水：上水道直接供水方式
热水：蒸汽供水器
排水：下水道直排　雨水分流式

电气设备

受电方式：低压受电方式

防灾设备

消防：灭火器
排烟：自然排烟

其他：自然火灾报警器
升降机：1台，可乘坐4人
特殊设备：利用雨水的制冷系统

工期

设计期间：2013年5月～2013年12月
施工期间：2013年12月～2015年2月

租金·单元面积

户数：14户
住户可用面积：25 m²～25.5 m²
——摄影：日本新建筑社摄影部（特别标注除外）

连健夫（MURAJI·TAKEO）

1956年出生于京都/毕业于多摩美术大学/修完东京都立大学研究生院课程/在建筑公司工作10年之后，于1991年进入英国建筑协会附属建筑学校学习，获得研究生优等学位/1996年成立连健夫建筑研究所、一级建筑师事务所/2013年至今担任首都大学东京与早稻田大学特聘讲师

Tsubame Architects

山道拓人（SANDO·TAKUTO/右）

1986年出生于东京/2008年就读于Studio of Cityscapers @爱丁堡大学/2009年毕业于东京工业大学工学系建筑学专业/2011年修完同大学研究生院课程/2011年修完同大学博士课程/2012年～2013年担任Tsukuruba首席建筑师/2013年创立Tsubame Architects/现任东京理工大学特聘讲师

千叶元生（CHIBA·MOTOO/左）

1986年出生于千叶县/2009年毕业于东京工业大学工学系建筑专业/2009年～2010年就读于瑞士联邦工科大学 ETH/2011年就读于Jonathan Woolf Architect London /2012年修完东京工业大学研究生院理工学研究科研究生课程/2012年担任庆应义塾大学系统设计工学科技术助理/2013年创立Tsubame Architects/现任东京理科大学特聘讲师

西川日满里（SAIKAWA·HIMARI/中）

1986年出生于新潟县/2009年毕业于茶水女子大学生活科学系/2010年修完早稻田大学艺术学校建筑设计科课程/2012年毕业于横滨国立大学研究生院建筑城市校舍/ 2012年～2013年就职于CAt/2013年创立Tsubame Architects

明日之郊

策划管理　Open A+取手艺术项目+ARCO architects
所在地　茨城县取手市
POST SUBURBIA
architects: OPEN A + TORIDE ART PROJECT + ARCO ARCHITECTS

Atelier ju–tou+TC大楼共享空间视角。将原本空置的诊所1层改建成由4个单间和一个共享空间组成的共享办公室。墙壁由被称为"取手之窗"的大小不一的门窗拼接而成

通过开合"取手之窗"来改变单间与共享空间的连接方式。在共享空间时常会有业主举办的音乐会等一些活动。改建采用实木地板（橡木），墙壁和顶棚部分拆卸原有装饰，展示出主体结构

Atelier ju–tou+TC大楼
设计　青木公隆/ ARCO architects+齐藤隆太郎/ DOG

原诊所改建成共享办公室

我们在施工前便开始招募入住者，并借用艺术家们的构思实施了两项试点工程（Atelier ju-tou+TC大楼和陶艺家之家），目的在于征集有关日后将要实施的明日之郊项目的构思，并对可能面对的困难做好充分的准备。

Atelier ju-tou+TC大楼项目将钢筋混凝土结构的3层建筑中位于1层的空置诊所改建成一个共享办公室。该建筑的业主希望取手ART不动产公司能把这个空房改建成更有创造性的空间，但是房地产商认为，若考虑到建筑的规模和地理位置条件，仅出租一个房间则很难找到入住者，于是提议将建筑改建为一个由中央的Atelier ju-tou（共享空间）和四个单间组成的共享办公室。

取手市的艺术家们的住处都有许多神奇的窗户。例如，在"拜借景"（取手市一处建筑），因为有很多艺术家住在这里，于是建筑本身便成了一部艺术作品。没有房檐，只有天窗；又或是一整面墙壁都安装上窗户，打开任何一个就能和室外连通。设计有很多独特的窗户的"拜借景"通过窗户的不

同的开合方式把当天的"拜借景"的氛围在小城里渲染开来，通过窗户使居民和艺术家们联系在一起。

我们从这些窗户中获得灵感，把有多种开合方式的"取手之窗"安插在了空间的核心部分，"取手之窗"创造出一个仿佛可以随着人的心情，每天变换着表情的互动式空间。现在Atelier ju-tou内常会举办音乐会或是作家的作品展览会等。愿取手市

能通过这样的艺术和音乐吸引人们前来，成为一个充满魅力的城市。

（青木公隆/ ARCO architects+齐藤隆太郎/ DOG）

（翻译：张金凤）

北侧视角。改建原妇产科诊所的3层建筑中的1层

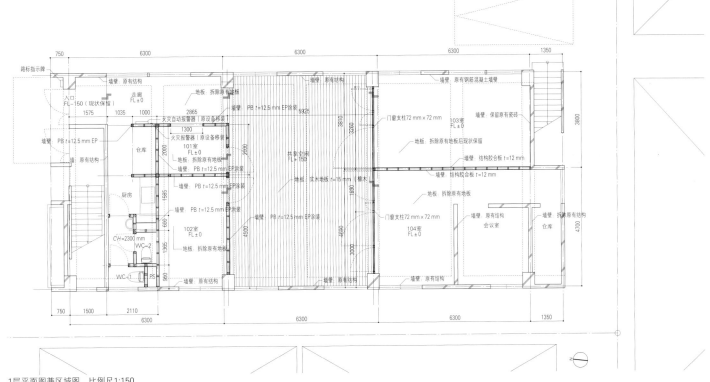

1层平面图兼区域图　比例尺1:150

从103室看向共享空间。除可用作办公室外，还可用作画室、画廊、店铺等

从101室看向共享空间。101室现做为迷你画廊，由业主亲属投资运营

陶艺家之家
设计　青木公隆/ ARCO architects+齐藤隆太郎/ DOG

东侧视角。本次改建建筑为已建成34年的独立住宅，位于距取手市西部的户头站徒步15分钟的位置。取手ART不动产公司经过相关空房调查和勘察后，决定了该建筑的改建方案。该建筑被选定为日本"国土交通厅促进小区原有住宅流通模范项目"之一

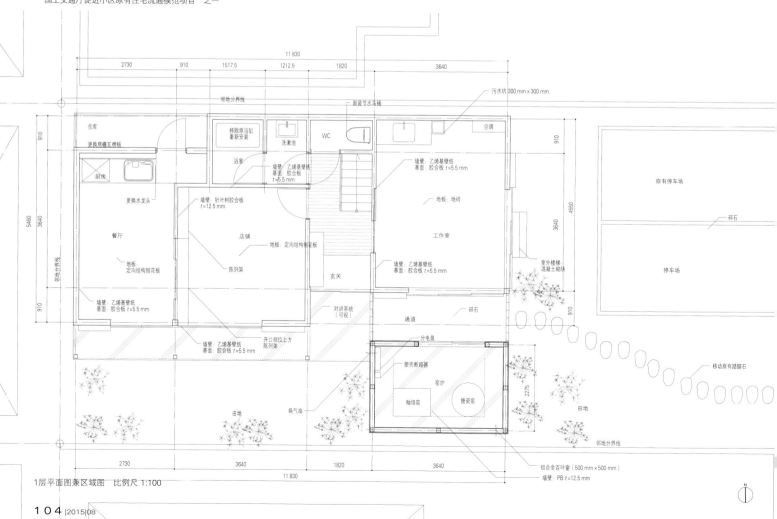

1层平面图兼区域图　比例尺 1:100

上：庭院中新建的窑炉。墙壁为聚碳酸酯瓦楞板
下：玄关视角。左侧为工作室，右侧可看到窑炉

上：将客厅改建成店铺，销售陶艺家的作品
下：工作室。主房的地面及顶棚采用定向结构刨花板，兼顾结构稳固性。工作室的地面铺设地砖

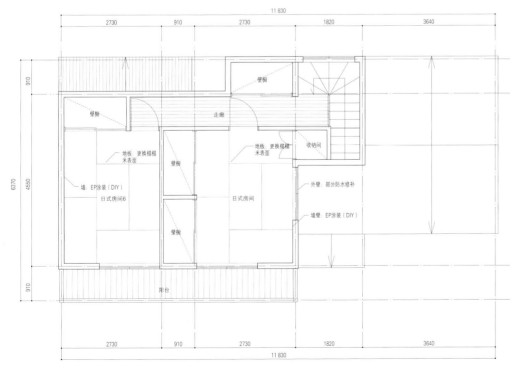

2层平面图　比例尺1:100

将空置住宅改建成陶艺家的工作室、店铺、住所

该建筑的业主长年居住在外地，房屋常年出租，但近两年来却找不到租客，这里成了空屋，业主为此大为苦恼。取手ART不动产公司为帮助业主解决这一问题，对建筑物周边及其不动产动向进行调查，商讨该建筑的改建方案。因该建筑对面有一家面包店，考虑到这一位置特点，房地产商认为该建筑不仅仅可作普通的住宅，还可以是面向地区开放的住宅，于是制作了一个假定该建筑为工作室、店铺、住所为一体的建筑草图，在经过招募入住者程序后，最终决定交付于住在金泽市的一个陶艺家。改建方案中，日式房间用作工作室，客厅用作店铺，庭院将新建一个窑炉，窑炉外墙材料采用聚碳酸酯阳光板，使窑炉灯火通明，地板和顶棚采用定向结构刨花板，兼顾结构的稳定性。地区居民可自由参观窑炉与工作室。现在，陶艺家已开始利用工作室及窑炉制作各种陶艺，并在店铺展示其作品。这是在之前独户住宅中所不能看到的光景。摸索空置住宅的可能性，创造性地不断实践，也许这正是催生新建筑或新型城市的契机吧。

（青木公隆/ ARCO architects+齐藤隆太郎/ DOG）

取手街道视角。今后郊外将会不断新增空屋、空地，改建项目通过艺术的介入诱发它们的变化，是重新审视郊外风景的一项尝试

取手市井野，井野住宅区项目对象区域的空置住宅地图

取手市户头区域的空置住宅地图

该项目在2013～2015年度曾被评定为日本"国土交通厅促进小区原有住宅流通模范项目"之一。其目的是使小区及其周边地区的二手房能够获得重生。对区域内的空置住宅展开调查，判断其是否为空置住宅的依据是观察建筑物和室外设施的老化程度，以及防雨门和电表等的使用情况。如今在井野区域，虽然有很多新建商品房，但区域内平房式的文化住宅（日本一种与西洋建筑要素相融合的建筑）却多无人居住。另一方面，户头区域内几乎看不到新建建筑，区域内仍散布有40余年房龄的空置住宅。本项目对空置住宅可能性较高的住宅进行登记调查，并给相关业主发送本项目的概要信件，呼吁他们积极利用起空置住宅。

明日之郊，取手 ART 不动产公司策划

采访马场正尊氏/Open A（明日之郊项目监理）——

·明日之郊项目是一个怎样的活动呢？

这个项目是一个验证如何使建筑和艺术能够融入郊外风景中的实践性过程。明日之郊是由已在该地区连续活跃16年的取手ART PROJECT所推进的一个艺术项目。刊登在本篇中的作品都是在此背景下诞生的。郊外究竟是什么？过去人们居住在郊外的理由很简单：不断增加的人口、过密的城市环境、上涨的地价……人们为了逃离这样的环境，寻求一个适合育儿或安稳的环境纷纷迁移至郊外。然而，如今人口减少，人们少了那份来到郊外的理由，再次从周边地带迁往中心地区。对于在郊外长大的人来说，这里就是故乡。无论是整齐排列的住户和小区，或是品种齐全的超市，还是笔直的小路，对我们来说都是值得怀念的原始风景，我时常觉得它很美丽。

我对这样的郊外很感兴趣。一时迷失了目的的房屋，留下的结构和痕迹却有一种独特的魅力，就像一种特制的容器。不被使用的房屋，是否能从"为居住而生的机器"这个现代咒语中摆脱出来，也许它在等待人们发现它作为房屋以外的价值，从而得以重生。

街道不再拥挤，房屋保持着适当的距离，也许这里就是探寻新型建筑的一个实验地点吧。明天，我们是否会住在郊外？那里的住宅又该是怎样的姿态？通过艺术这个媒介，我想对在"明日之郊"发生的事情、变化的风景持续关注下去。

明日之郊，取手 ART 不动产公司策划

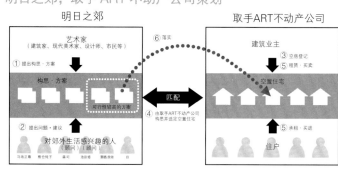

明日之郊是取手ART不动产公司将郊外的新生活方式应用于空置住宅，并将其推广的一个尝试。明日之郊①从艺术家、市民那里征集"适合郊外生活的方式"的方案，②请项目顾问来讨论方案的可行性，一起摸索郊外未来发展的可能性。

取手ART不动产公司③帮助业主一起考虑空置住宅的问题，④将征集到的构思、方案与空置住宅的特点进行匹配。在取手ART不动产公司的官方网站上，空置住宅和推荐的方案是配套展示的。

⑤若业主对方案满意，或有租户对该方案的住宅有兴趣的话，那么取手ART不动产公司将会进行项目策划，将方案落实到相应的空置住宅上。

在装修前便将空置住宅、方案和租户全部对应匹配，如此一来，业主便可将投资风险降至最低，租户可以同时得到想要的方案和空置住宅。

这里介绍部分明日之郊项目中艺术家和建筑家提出的构思和方案。我们从中挑选出艺术家与租户、业主构思完全匹配的方案，予以实现

YU SATO的取手FUDO-SANPO／YU SATO
招募入住者的广告视频。从艺术家的视角捕捉普通空置住宅的氛围及建筑构造，介绍住宅

TRANS LIFER ／目
该项目内容：大型背包、自行车、地图在手，艺术家们隔一段时间便移居至不同的地方，而这些地方是零星存在于街道间的独特住宅。通过积累各种经验，探寻郊外才有的充实生活

动物市民 ANIMAL CITIZEN ／深泽孝史
欢迎动物和市民一样共同在城市生活的构思。通过动物们在城市生活中所突显的社会问题和人们之间的纠葛来考量市民的权利

水路相连的两村／PEPIN结构设计
为了建立新的联系，根据当地的风俗背景使用戏剧手法描绘故事。以曾经由水路相连的关东地区和四国地区为舞台，与当地的人们共同造船、庆祝节日，一起描绘新的故事

SWEET MEMORY／石田真吾
从空置住宅的地理环境、留下的家具以及过去住在这里的人们的故事中获得灵感，制作隔扇绘。通过具体地再现沉睡在空置住宅中的记忆来构建新的故事

减量住宅（拆除不用的墙壁等多余房屋结构，为房屋减负）。艺术家们在居住过程中不断拆卸、减量

首先从2层房间着手，为墙壁"减量"

减量住宅

　　空置住宅已经逐渐成为郊外的一道风景，本项目中，居住者在空置住宅生活的过程中，不断尝试拆卸，由此重新认识空置住宅及其价值。我是在明日之郊项目中与该建筑业主相识的，项目的目的是减轻空置住宅所背负的诸多负担，为其进行"减量"，而不是吸引更多的入住者。现在已经开始为2层的部分结构进行"减量"工作。我想把这作为一项实验进行下去，具体验证"减量"工作有哪些手段以及若花时间和精力去着手拆卸建筑结构又会获得怎样的效果等等。

（饭名悠生/建筑家）

Atelier ju-tou+TC大楼
所在地：茨城县取手市
主要用途：事务所
所有人：个人
设计————
建筑・监理：ARCO architects
　　负责人：青木公隆
　　DOG 负责人：齐藤隆太郎
施工————
建筑：SUMAI工作室NARUSHIMA
规模————
建筑面积：172.12 m²
使用面积：157.70 m²（改建部分）
层数：地上3层
尺寸————
层高：4000 mm
顶棚高度：3570 mm
主要跨度：6300 mm × 6300 mm
用地条件————
道路宽度：北6 m
结构————
主体结构：钢筋混凝土框架结构
桩・基础：直接基础
设备————
空调设备
空调方式：独立空调
热源：城市天然气
卫生设备
供水：自来水管直接供水方式
热水：独立供给热水方式
排水：合流式排水
工期————
设计期间：2014年5月～9月

施工期间：2014年10月～2015年2月

陶艺家之家
所在地：茨城县取手市
主要用途：工作室　住宅
所有人：个人
设计————
建筑・监理：ARCO architects
　　负责人：青木公隆
　　DOG 负责人：齐藤隆太郎
施工————
建筑：SUMAI工作室NARUSHIMA
规模————
用地面积：177.48 m²
建筑面积：主房 56.31 m² ／窑炉 8.28 m²
使用面积：主房 91.91 m² ／窑炉 8.28 m²
1层：56.31 m² ／ 2层：35.60 m²
建蔽率：36.39%（容许值：40%）
容积率：56.45%（容许值：60%）
层数：地上2层
尺寸————
最高高度：约7000 mm
房檐高度：约6500 mm
层高：约2700 mm
顶棚高度：2400 mm
主要跨度：3640 mm × 4550 mm
用地条件————
道路宽度：东6 m
停车辆数：2辆
结构————
主体结构：木结构
桩・基础：连续基脚基础
设备————

空调设备
空调方式：独立空调
热源：丙烷气
卫生设备
供水：自来水管直接供水方式
热水：独立供给热水方式
排水：合流式排水
电力设备
受电方式：1回线受电方式
工期————
设计期间：2014年7月～9月
施工期间：2014年10月～11月
内部装饰————
厨房・餐厅・店铺・画廊
墙壁：SANGETSU
———摄影：日本新建筑社摄影部（特别标注除外）

马场正尊（BABA・MASATAKA）
1968年出生于佐贺县/1991年毕业于早稻田大学理工学院建筑专业/1994年修完早稻田大学研究生院硕士课程/1994年～1998年就职于博报堂/1998年～2001年修完早稻田大学研究生院博士课程/1998年起任职杂志《A》主编/2003年成立Open A/2008年起任职东北艺术工科大学副教授

青木公隆（AOKI・KIMITAKA）
1982年出生于美国德克萨斯州/2006年毕业于东京理科大学工学院建筑专业/2007就职于Dominique Perrault Architecture/2008年修完东京大学研究生院工学研究院建筑专业硕士课程/2008年～2012年就职于日本设计/2012年～2015年担任东京理科大学工学院建筑专业助教/2012年成立ARCO architects/2015年起担任东京艺术大学社会连携中心教育研究助手

齐藤隆太郎（SAITO・RYUTARO）
1984年出生于东京/2006年毕业于东京理科大学工学院建筑专业/2008年修完东京理科大学研究生院工学研究院建筑专业硕士课程/2008年～2014年就职于竹中工务店/2014年成立DOG一级建筑师事务所/2015年起攻读东京大学研究生院工学研究院建筑专业博士后课程/2015年起担任日本工学院特聘讲师

地方共享小区

区域贡献型共享房＋IT办公室
COCREA

设计 井坂幸惠/bews
施工 三秀建设工业
所在地 茨城县日立市
COCREA, A COMMUNITY-MINDED SHARE HOUSE
architects: SACHIE ISAKA / BEWS

区域贡献型共享房＋IT办公室

居住者共享的山谷状客厅。该复合型设施位于茨城县日立市，由共享房和IT亦公室组成。以茨城基督教大学学生组织的区域活动小组为中心，举办各种区域活动。两个共享房与办公楼之间的空间为居住者们的客厅。地板采用高效热泵相变蓄能采暖技术

从入口处看向山谷状客厅。中央为形状不规则的岛式厨房，右侧为长椅区，可看到靠海侧共享房的挑空共享空间。左侧前方为共用水房。内墙与外墙贴有杉木护墙板

小长椅区视角。前方可看到靠山侧共享房的挑空共享空间。呈120°钝角相连的墙壁下没有一根直径60.5 mm的垂直承重柱

靠海侧共享房的挑空共享空间。同一共享房内有共用的卫生间、淋浴间、盥洗间、洗衣机和简易柜台。设置房檐高度差并安装高窗，从而实现利用烟囱达到自然通风的效果

西北侧航拍。该地因夏季凉爽的海风和冬季自风神山吹来的强风而为人所知。为使夏季海风得以最大程度贯穿于3栋建筑之间，通过模拟计算求得相关角度，使两共享房与办公楼布局呈风车形状。前方可看到太平洋

西北侧视角。为避免发生火情时火势蔓延，外墙与地基分界线间有5m的距离，并且外墙贴有杉木护墙板。左侧为靠山侧共享房，3层的窗户相连部分为挑空共享空间。右侧为办公楼

不断变化的故乡

不知从何时起，茨城县北的街上不见了商店、咖啡厅、书店的踪影，繁华不再。取而代之的是在空地上建起的停车场、租赁公寓、老年人设施等等。平时能落脚的不过是便利店的停车场这样的地方。在此背景下，茨城基督教大学的一个区域活动小组HEMHEM提出了建立"大家期盼的落脚点"的愿望，加上担任顾问的IT企业的办公地点正要搬迁，又得力于组织当地企业的日立市商工振兴科、以东日本大地震为契机再次得以接触故乡的设计师（我）、对此次活动给予理解的曾任公务员的土地所有人，

以及擅长木结构建筑的当地建筑公司等多方意气相投，愿意齐心协力支持大学生们完成他们的梦想，COCREA才得以实现。

温暖的落脚点

以区域活动小组为主体的COCREA，不仅可供人们分享生活点滴或兴趣爱好，同时还支持人们参加个人难以独立参与的区域活动，使这里能够成为区域活动的据点。这里既是居住者的空间，也是区域人们温暖的落脚点。为此，我们在设计上充分考虑了生活氛围和公共氛围的自然融合。首要体现在位于两个共享

房和较大办公楼夹缝间的"山谷"，这里是人们最容易聚集的大空间。其次是靠山、海侧的两个共享房，墙面以120°钝角相连接，形成挑空空间，内部设有楼梯、卫浴间、柜台等，为这里新添了一处聚集之地。

通过小落差实现划分，以钝角相连

山谷状客厅通风采光良好，南北通透，内有通过偏离墙体轴线实现设计的不规则岛式厨房。南北对角线的两头为大小长椅区。办公楼与山谷状客厅之间有供活动、会议、打乒乓球的多功能房间。各单间面积虽小，但加上两共享房内的挑空空间，实则有诸多落脚点。单间与山谷状客厅相连，隐藏在独立墙后，通过小的落差实现空间的划分。

活动方式独立策划

COCREA的各项活动和策划都不会从其他地方招聘专家，而是将HEMHEM至今为止所做的尝试慢慢地、逐步地扩展下去。

（井坂幸惠）

（翻译：张金凤）

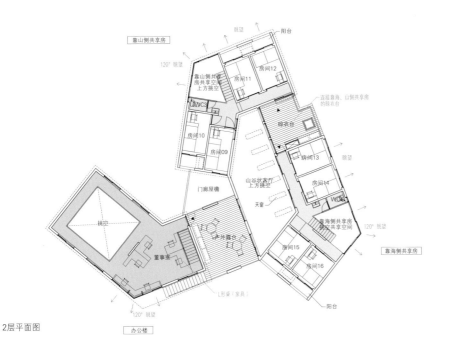

2层平面图

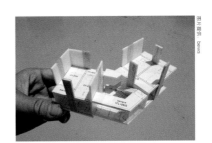

共享房模型照片。墙面以120°钝角相连，中间的空间为挑空共享空间

1层平面区域图　比例尺1:300

房间14。床、桌子、窗边长椅等采用与檐檩相同的SPF材料（一种针叶木规格材）

房间14前走廊视角。前方为靠海侧共享房挑空共享空间

1层共用卫浴间通道。右手侧分别为卫生间、淋浴间、浴室。尽头处为视野良好的盥洗间

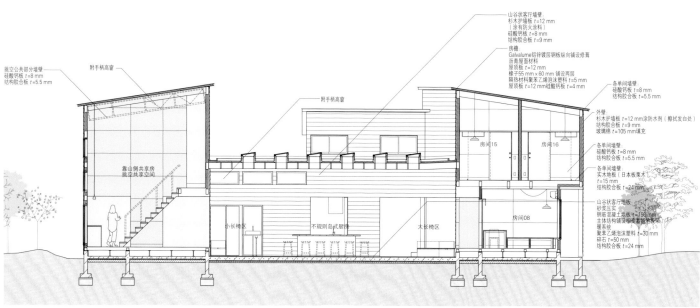

挑空公共部分墙壁
硅酸钙板 t=8 mm
结构胶合板 t=5.5 mm

附手柄高窗

附手柄高窗

山谷状客厅墙壁
杉木护墙板 t=12 mm（涂有防火涂料）
硅酸钙板 t=8 mm
结构胶合板 t=9 mm

房檐
Galvalume铝锌镀层钢板纵向铺设覆盖
沥青屋面材料
屋顶板 t=12 mm
椽木55 mm×60 mm 铺设再层
隔热材料聚苯乙烯泡沫塑料 t=5 mm
屋顶板 t=12 mm硅酸钙板 t=4 mm

各单间墙壁
硅酸钙板 t=8 mm
结构胶合板 t=5.5 mm

外壁
杉木护墙板 t=12 mm涂防水剂（擦拭发白处）
结构胶合板 t=9 mm
玻璃棉 t=105 mm填充

靠山侧共享房
挑空共享空间

房间15

房间16

各单间墙壁
硅酸钙板 t=8 mm
结构胶合板 t=5.5 mm

各单间墙壁
实木地板（日本板栗木）
t=15 mm
结构胶合板 t=24 mm

小长椅区

不规则岛式厨房

木长椅区

房间08

山谷状客厅地板
砂浆压实
钢筋混凝土地板 t=150 mm
主体结构铺设粗细骨料覆盖木板采暖系统
聚苯乙烯泡沫塑料 t=30 mm
碎石 t=50 mm
结构胶合板 t=24 mm

剖面图　比例尺1:150

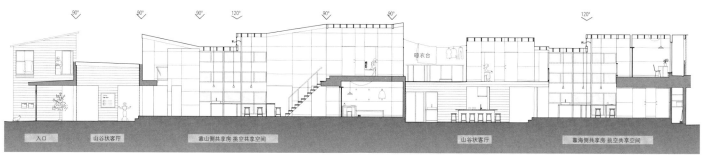

入口　山谷状客厅　靠山侧共享房 挑空共享空间　晾衣台　山谷状客厅　靠海侧共享房 挑空共享空间

展开图　比例尺1:250　除单间的拉门外别无门窗。1层使用三合土地面和日本板栗木地板两种不同的材料划分出两块不同的区域。两共享房的房檐高度差起高窗换气作用。两区域墙面呈120°角相连接，部分隐藏于独立墙之后，分别通往各房间

采访三堀裕太（COCREA项目负责人）——

·区域贡献型共享房是怎样一个场所呢？

本项目活动舞台是日立市。日立市因产品制造而被人熟知，市内有两所大学，学生很多，我们公司当初就是学生创业建成的IT公司。因此，与学生合作也是我们的一大强项。

然而，地方人口数量处于下滑状态，日立市也不例外，这会严重影响区域发展。在此背景下，我们COCREA的目的就是向以大学生为主体的年轻群体和区域企业提出"地域活性化"这一主题，开展与之相关的各种活动，以构建牢固的人际网络。正是怀揣着这样的心情，我们将其命名COCREA，即Co-Creation（共创）。

我们希望未来与伙伴间的信赖关系能成为这座城市最大的魅力，也希望能够带动区域企业的发展。

·在地方城市建立共享房的意义在何处？

当今人口数量不断减少，少子老龄化日益加重，我想今后血缘关系以外的人际交往将会变得越来越重要。另外，共享房这种生活方式，暗含着重新定义"家庭"这一概念的可能性。COCREA作为共享房，将自身定位为相关活动的象征，我们愿它能成为区域学生和企业的交流据点，并成为分享型经济的一个经典案例。

我们相信，未来COCREA将会培育出更多地方城市不可或缺的人才，我们也期待能为公司（COCREA内的IT办公室）带来丰富的人才资源回馈，于是着手挑战了这个项目。愿人们通过在共享房的生活，重新认识到这个城市的美好和伙伴的重要性，进而促进地方城市的发展。

上：办公楼2层视角。2层里间为董事室，1层为工作区域。中央的独立墙为耐力墙，同时也起隔墙作用。地板为瓷砖图案地毯，部分铺设有人工草坪
下：办公楼与山谷状客厅之间的多功能房间。右侧里间为办公室。墙面为荧光屏兼白板

区域图　比例尺1:6000

海风风向

太平洋

N

所在地：茨城县日立市
主要用途：宿舍
所有人：YUNIKYASUTO 三堀裕太
　　　　　饭田早菜江
设计
建筑·监理：bews/BUILDING·
　　　ENVIRONMENT·WORKSHOP
　负责人：井坂幸惠　大塚悠太
结构：佐藤淳结构设计事务所（咨询）
　负责人：佐藤淳
设备：comodo设备计划
　负责人：山下直久　大泽武史
施工
建筑：三秀建设工业
　负责人：片寄达也　岩村一郎
电力：日港电气　矼鸟桥荣
　负责人：二木昭
空调：计装SYSTEM
　负责人：三代田宪司
卫生：大社设备工业
　负责人：矢部一美
地板采暖：MOA
　负责人：河合裕
造园：Maki Planning
　负责人：石川真树
　八进绿产株式会社
　负责人：郡司宽之
规模
用地面积：1105.090 m²
建筑面积：270.518 m²

使用面积：407.540 m²（共享房：约244 m²
　　　办公室：约163 m²）
1层：265.145 m²/2层：142.394 m²
建蔽率：24.479%（容许值：60%）
容积率：36.878%（容许值：200%）
层数：地上2层
尺寸
最高高度：6924 mm
房檐高度：6748 mm
层高：各居室：2700 mm
顶棚高度：挑空共享空间：5420 mm
　　　山谷状客厅：3700 mm
主要跨度：5915 mm × 6370 mm
用地条件
地域地区：日本《建筑基准法》第22条规定
　　　区域
道路宽度：西 5.96 m
停车辆数：13辆
结构
主体结构：木结构（传统轴组工法）
桩·基础：连续基脚基础
设备
环保技术
ZEB(Net Zero Energy Building)验证项目
2014年度补助对象项目
首次耗能预测削减率63.3% PAL* 计算值371
空调设备
空调方式：独立空调方式
热源：热泵
地板采暖设备：热泵主体结构相变蓄能采暖系

统
卫生设备
供水：自来水管直接供水方式
热水：二氧化碳热泵热水器
排水：雨水、污水分流方式
电力设备
受电方式：共用系统：3 φ 3 W6.6 KV 1回线
　　　受电
住户系统：1 φ 3 W200/100 V
额定电力：办公室：30 kVA
　　　共享房：45 kVA
特殊设备：脉冲式水表
工期
设计期间：2013年9月～2014年9月
施工期间：2014年10月～2015年5月
外部装饰
房檐：稻垣商事
开口部位：LIXIL Duo-pg
内部装饰
山谷状客厅 1层单间（下）
墙壁：CAPITALPAINT
1层单间（上）2层单间 卫生间
墙壁：三菱MATERIALS建材
顶棚：三菱MATERIALS建材
主要使用器械
电动操作窗智能照明灯（LIXIL:DUO-PG）
Smart LEDZ(远藤照明)
电力监控系统（Panasonic：管理软件Ver
3.2）
租金·单元面积

户数：16户
住户可用面积：7.01 m² ~ 7.45 m²
租金：39 000日元 ~ 43 000日元
利用向导
电话：0294－87－6491（株式会社YUNIKYA-
　　SUTO COCREA负责人）
——摄影：日本新建筑社摄影部（特别标注除
　　外）

井坂幸惠（ISAKA·SACHIE）

1965年出生于茨城县/1988年毕业于多摩美术大学建筑专业/1991年修完芝浦工业大学研究生院硕士课程/1992年任职多摩美术大学研究员/1993年担任Rafael Viñoly 建筑师事务所项目建筑师/2002年成立bews/成立BUILDING·ENVIRONMENT·WORKSHOP/2008年担任东京理科大学工学院外聘教师/2011年获得震灾建筑物受灾程度划分判定·复原技术者（全结构）资格

改建建成约60年的县住宅供给公社

大和町小区（FURORU横滨山手）

设计　饭田善彦建筑工房
施工　松尾工务店
所在地　神奈川县横滨市中区
YAMATOCHO HOUSING PROJECT
architects: IIDA ARCHISHIP STUDIO

从入口看向西南侧。本项目旨在改建建于1951年的神奈川县住宅供给公社小区。共3层，总户数62户。改建后，建筑面阔宽、进深浅、整体结构呈环状，中央设有中庭。在设计同时还修改了以往公社的标准规格

北侧视角。用地位于地势高度差较大的住宅街道。改建前为两栋板状建筑并列在一起。此次通过设计成环状结构使得走廊相连，电梯数量控制在1台

甲板广场视角。面向甲板广场设有集会室。正前方的入口处不采用进门刷卡的形式，方便当地居民参加活动，发生灾害时将此处作为临时避难所使用

面阔宽、进深浅的居民楼环绕中庭

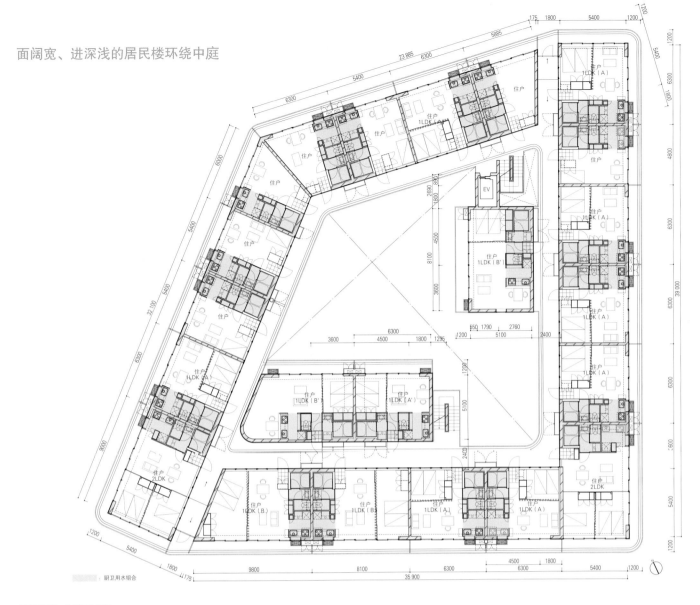

2层平面图　比例尺1:300

:::: 厨卫用水组合

1层平面图　比例尺1:600

集会室。墙壁与地板使用相同的麻栎、枹栎材料。设有厨房和多功能卫生间

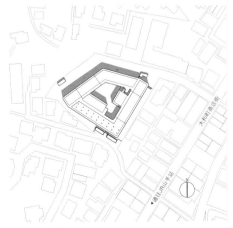

区域图　比例尺1:2500

60年后的小区重生

原来的大和町小区是神奈川县住宅供给公社（以下称"县公社"）于1951年建成的小区，由两间日式房间和厨房设备构成的房间仅有29 m²，但却充满富有创意的设计，可以看出当时县公社对新的生活方式的憧憬。自此，县内各处均开始提供出售住宅、租赁住宅。近年来有人提出要将公社民营化，近十年来县内也没有小区形式的新建建筑。加之大和町小区有邻近横滨山手站这一地理优势，改建被提上日程。县公社租赁的安全网作用很强，居住者多为领养老金的老年人和低收入人群，而且公社距离山手站仅5分钟距离。此外，研究分析周边的民间租赁住宅的市场营销形势、多样化的家庭结构和城市生活状态等因素，我们需要寻求一种新的设计方式以应对时代的需求。为此，我们提出了两个要点。

第一个是设计面阔宽、进深浅，由厨房设备和生活空间组成的居住方案。虽然是单侧走廊、单侧阳台配置，但阳台一侧为高1800 mm的窗框双槽推拉的窗户，走廊一侧高1800 mm墙体上也设有高窗，开启这两处窗户时，可以在保证不被过路人侵犯隐私的同时实现通风。旨在打造低成本高合理性的住宅。

第二个是确保公共空间。县公社租赁住宅设有公共空间，这是公社住宅的一大特点，也是民间公寓所没有的。自3.11东日本大地震以来，人们对共同生活方式重新进行了审视。

以上述两个要点为框架，综合用地的潜在价值，最终决定了圆环状住宅包围中庭的建筑设计方案。考虑到城市生活者们多样的生活方式，以往的重视设置坐北朝南的房间的思想已毫无意义。呈圆环状相连的住宅共用一个水路系统，彼此的生活空间不尽相同，这样的结构给予了住户多样的选择。此外，由于地方政府建议建立防灾物资储备库和自治会也可使用的集会室，我们将中庭地带一直延伸到用地外，并将延伸到地方街道的部分都定义为公共空间。集会室与中庭相连，内有厨房和多功能卫生间。建筑物入口处设有门禁系统但不上锁，通过可视电话实现基本的安全保障，同时面向社会开放。在推进大和町小区业务的同时，我们也就修改已不符合当代建筑功能的标准规格进行了讨论。供给热水、厨房燃气、冷暖气设备、收纳间、可视门禁、自动上锁门、快递箱等设备要素，以及初步装修、隔热、防水等室内外规格，就以上因素我们都逐个进行了商议决定。在这个意义上，可以说大和町小区作为当时诞生的第1号小区在60年后以新的面貌重生。

它是站在公与民之间，是着手城区建设的县公社等相关方面的意志的体现。

（饭田善彦）

（翻译：张金凤）

从住户越过中庭看向入口方向。窗框使用通用规格（高1800 mm）成品。面向居室的走廊的窗户采用高窗窗框

1层南侧居室。厨卫用水核心水路集中在隔户墙一侧，方便室外维修。核心墙面与地板采用麻栎、枹栎材料，这是在神奈川县新能源计划（神奈川县推进的一项节能项目）的大型太阳能发电项目中开发采伐的材料。面阔宽约8.1 m

左上：3层南侧住户。通过可移动式隔墙实现两室两厅一厨的布局。开口部位宽9.1 m / 左下：面向中庭的3层东侧住户。开口部位宽8.1 m，进深约5 m / 右：从1层房间内看向中庭。靠中庭侧设有高窗，确保通风

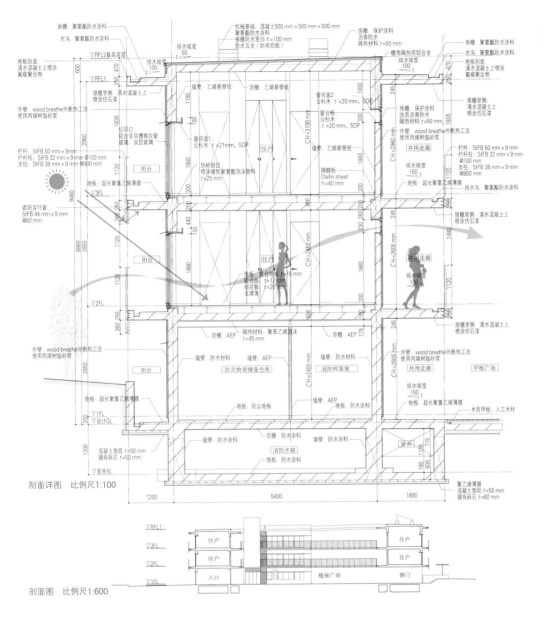

剖面详图　比例尺1:100

剖面图　比例尺1:600

上：北侧外观。透过被网格包围的自行车存放处看向中庭/下：从共用走廊展望南侧侧门

所在地：神奈川县横滨市中区
主要用途：神奈川县租赁
所有人：神奈川县住宅供给公社

设计
建筑：基本方案·基本设计：　饭田善彦建筑工房
　负责人：饭田善彦　八板晋太郎
　欠端朋子*　渡边真元*（*原职员）
　实施设计：饭田善彦建筑工房
　负责人：饭田善彦　渡边真元　藤末萌
　松尾工务店
　负责人：新村和弘　道家笃夫　坏润一
　高桥干步
结构：金箱结构设计事务所
　负责人：金箱温春　坂本宪太郎*
　冈山俊介（*原职员）
设备：ES ASSOCIATES
　负责人：佐藤英治　边见久活
　松尾工务店
　负责人：樱井秀树
电力：环境TOTAL SYSTEM
　负责人：木林茂利
监理：饭田善彦建筑工房
　负责人：饭田善彦　渡边真元　藤末萌
　松尾工务店
　负责人：新村和弘　高桥干步
　神奈川县住宅供给公社　现场监督员
　森川雄太（建筑）
　秋山裕规（设备）　盛合嘉洁（电力）
施工
建筑：松尾工务店

负责人：三桥一　杉山和人　大那卓
伏见训幸　河合大地
空调·卫生：TSUBASA
　负责人：石川正树
电力：东电同窗电气
　负责人：川边和义
规模
用地面积：2568.35 m²
建筑面积：1023.34 m²
使用面积：2784.89 m²
1层：938.33 m²/2层：923.28 m²
3层：923.28 m²
建蔽率：39.84%（容许值：50%）
容积率：88.14%（容许值：100%）
层数：地上3层
尺寸
最高高度：9460 mm
房檐高度：9350 mm
层高：2850 mm
顶棚高度：居室 2450 mm～3190 mm
用水房：2150 mm
主要跨度：5400 mm×6300 mm
用地条件
地域地区：第2种低层居住专用区　防火地区　第1种高度地区
道路宽度：南4 m　西4.5 m+2 m（公用空地）
停车辆数：31辆
结构
主体结构：钢筋混凝土结构
桩·基础：直接基础
设备

空调设备
空调方式：独立空调方式
热源：热泵
卫生设备
供水：直接加压供水方式
热水：潜热回收型局部供给热水方式
排水：污水、雨水分流方式
电力设备
受电方式：入户式
设备容量：电灯 332 kVA　动力 21 kW
额定电力：住户　5 kVA以下
集会室：12 kVA
公共空间：10 kVA
防灾设备
灭火：室内消防栓
排烟：自然排烟设备
升降机：乘用电梯（承载9人）×1台
工期
设计期间：2011年12月～2014年5月
施工期间：2014年6月～2015年6月
工程费用
总工费：770 000 000日元（不含税）
外部装饰
房檐：田岛ROOFING
外壁：高本CORPORATION
　ACG COAT-TECH
开口部位：LIXIL
外观：道路地面：DANTO
内部装饰
住户居室
墙壁：RUNON

顶棚：RUNON
入口处
地板：DANTO
墙壁：高本CORPORATION
租金·单元面积
户数：62户
住户可用面积：25.6 m²～48.6 m²
租金：67 600日元～125 600日元
　　　　——摄影：日本新建筑社摄影部

饭田善彦（IIDA·YOSHIHIKO）
1959年出生于埼玉县浦和市/1973年毕业于横滨国立大学建筑专业/相继成立计划设计工房（与谷口吉生、高宫真介共同成立），建筑计划（与元仓真琴共同成立），后于1986年成立饭田善彦建筑工房/2007年～2012年担任横滨国立大学研究生院建筑都市小组Y-SGA教授/现任JIA神奈川代表、立命馆大学研究生院SDP客员教授/2012年与个人设计事务所并设的Archiship Library&Café开业

新时代住宅供给公社的使命
——展望大和町小区的重建工作

饭田善彦（建筑师）✕ **猪股笃雄**（神奈川县住宅供给公社理事长）✕ **箭健夫**（神奈川县住宅供给公社专务理事）

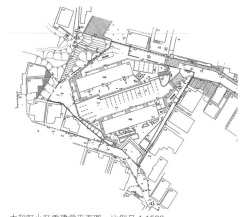

大和町小区重建前平面图　比例尺 1:1500

神奈川县住宅供给公社和摆脱公社民营化争论的历史

——47个都道府县根据《地方住宅供给公社法》和公社法施行令，秉承所在地方的住宅政策，在10市共设立57处住宅供给公社。您能谈谈神奈川县住宅供给公社是什么样的组织，现在承担什么样的职能吗？

猪股笃雄：神奈川县住宅供给公社（以下简称"县公社"）是1950年设立的。县公社目前在神奈川县全境共有13 500套住宅可供租赁。这次重建的大和町小区是在公社设立一年之后，也就是1951年建造的，是公社设立之后建造的第一个小区。

县公社设立初期的职能非常明确，即战后复兴。因此，在建造小区的时候，没有按照当时常见的联排木屋·公共旱厕的形式进行修建，而是选择了钢筋水泥房屋·冲水式厕所的形式。当年房屋十分紧缺，而且在同样的预算条件下，能建造的联排木屋是水泥房屋的三倍。但是因为强烈的战后复兴的使命感，我们还是选择进行数量向质量的转型。

箭健夫：1950年住宅金融基金成立之后，私人住宅申请到的融资更多了，但是集体住宅的融资情况却没有改变。于是各地的公社和住宅协会带头开始建造集体住宅。当时住宅经营财团被GHQ（驻日盟军司令部）命令解散，县公社吸收了许多住宅经营财团的员工。他们的想法也是希望能建造集体住宅。

猪股笃雄：日本进入经济高速发展期之后，神奈川县作为京滨工业带，产业化工业化的程度不断加深。大量工人涌入，这其中大部分的工人住宅都是由县公社提供的。然而，当时的大环境还是房屋紧缺，因此，日本政府根据1966年出台的《住宅建设计划法》制定了《住宅建设五年计划》。《住宅建设五年计划》明确了县公社承担的住宅建设比例，将一部分住宅建设任务分派给县公社，另一部分由住宅金融基金、相关补助基金、各公益团体出资建设。一直以来县公社是单独运营、独立决策的，县公社的租赁住宅和民营的分户出售住宅有很大的差别。自《住宅建设五年计划》开始，这种差别渐渐缩小，

县公社的职能也开始变得模糊起来。

箭健夫：泡沫经济崩溃后，因为经济不景气，民间资本难以承担的街区重建工作开始由县公社接手。然而，物价下跌导致不良债权出现，再加上县公社自行开发的分户出售住宅项目失败，县公社财务持续亏损，到2002年决算时已濒临破产。在这样的情况下，出现了要使县公社民营化的声音，即在县公社所有住宅中，将可出售的部分转让给民间资本，无法出售的部分作为公有住宅由神奈川县管理。但是这种方式只会增加地方的负担，无法从根本上解决问题。在那之后，县公社制定了十年计划，意在扭亏为盈，民营化的声音也就渐渐消失了。

关于第1号大和町小区的重建：

饭田善彦：这次的大和町小区的重建工作是由我们负责设计的。因为债务的原因县公社暂停了所有的新项目，为什么时隔十年又开始了这次的重建工作呢？摆脱了民营化争论之后的县公社为什么选择从大和町小区重新开始呢？

箭健夫：因为我们想做一些新的尝试，坦白说，当然更大的原因在于效益层面上。我们的工作方针是优先在能够快速收回成本的地域开始重建。不仅仅是横滨市，县公社在神奈川全境都建有小区。根据地段的不同，有的小区每户租金在3~5万日元，还有的小区，例如，大和町小区的租金是在8~10万日元之间。优先重建这种租金相对较高的小区能够快速收回成本，再投入到其他小区的重建工作中。大和町小区距离地铁站很近，有地理位置上的优势，因此，最先重建该小区。

猪股笃雄：我是2012年就任县公社理事长的，当时神奈川县的资本和产业向外部流失严重，空洞化程度很深。这些地区改建后也不可能达到很高的入住率。所以还是应当配合地方的经济复兴计划，在经济较好的地区进行小区重建，在其他地区进行暂时性的修缮工作。

饭田善彦：大和町小区是城市租赁住宅，我们加入了很多独特的设计，希望能吸引城市年轻人入住。在进行初始设计时，我们同时接到了另一份委托，要对县公社现有的标准设计图进行二次评估修正。这样我们就参考了公社其他地区的住宅设计图来一步步进行设计，在煤气灶、冷暖气设备、供给热水设备、保温双层玻璃等地方均进行了修改。我们也试图使用外断热工法为建筑物保温，但是没有得到批准。我们决定在进一步设计的阶段结合实际情况再修正一下这个方案，希望能够得到批准。

箭健夫：从公社员工的角度来看待这个问题的话，我认为新尝试必然会产生风险。风险是一个需要慎重对待的问题。这次设计的修改过程我们仔细地进行了风险评估。

猪股笃雄：在重建工作中，最大挑战就是要配合神奈川县新能源计划和太阳能发电项目建设一系列基础设施。考虑到山中建有高压电线塔，这次我们打算在那里建太阳能发电厂。建厂过程中砍伐的树木可以用于大和町小区的重建。同时我们会把中井町的柚子树移植到大和町小区的中庭里，用作小区的象征。

饭田善彦：这个高效利用木材的想法是在设计的途中提出来的，所以我们就修改了一些设计，把木材灵活用在地板和墙壁上。室内设计处处展现了我们节约资源的理念，希望住户们也能体会得到。那么，接下来的其他的重建项目也打算采取这种与其他项目配合的方式，从而来节约资源吗？

猪股笃雄：其实在这其中会存在成本过高的问题。本次项目使用的木材无法在神奈川县进行进一步的加工，只能先运到静冈县的工厂。但是我认为，正是因为这样做成本很高，民间资本做起来有困难，才需要，我们公社来发挥这种示范作用。如果不是这样，我们也不可能在战后立刻建造钢筋水泥的集体住宅。

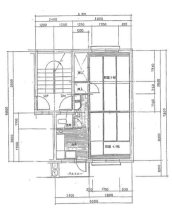

大和町社区重建前住宅平面图　比例尺 1:200

饭田善彦先生

猪股笃雄先生

箭健夫先生

公社租赁住宅的使命和愿景

——曾经的县公社大量提供租金低廉、环境优质的住宅，作为公营住宅的补充，充当着社会的安全网。现在房屋数量渐渐饱和，请问公社要如何继续履行安全网的使命呢？

箭健夫： 县公社的小区很多都是为了工业化背景下大量涌入的工人建造的。入住的居民都曾经是公司职工，现在他们都变成了依靠退休金生活的老年人。今后我们作为安全网的使命就是妥善应对居民的老龄化现象。

猪股笃雄： 现在县公社运营的包括大和町小区在内的普通租赁住宅共有13 500户，年租金收入约80亿日元。我们在25年前建造的7处老人小区（面向老年人的养老专用型住宅），共能容纳老年人1000人左右，年租金收入约35亿日元。即使是普通的租赁住宅，户主的平均年龄也有58岁，65岁以上老人的比例达到了46%。根据地段不同，有些小区的老年人比例甚至超过80%。而且现在小区内的居民有很大的可能性会在此居住到老。因此，可以说我们公社的老年人居住情况，在全国而言也是非常特殊的。

饭田善彦： 在重建初期，我们曾经有过这样的讨论：将活动范围仅仅局限在小区内部，还是以地域为对象、扩大小区的活动范围。比如说，当地町内会（当地居民的自治组织）曾经向我们申请在小区内建造仓库，作为当地的防灾点；另外还有小区大门是否是刷卡进入，集会室设在小区里面还是外边等问题。我们自己在东日本大地震之后也一直在思考公共区域的设置问题。这次的小区设计，我们希望能把公共区域扩大，使公共区域与小区外部连接起来。这就意味着将不采用进门刷卡的形式，在保证住户安全的前提下，尽可能地让小区居民出入自由。住户出入小区会经过中庭，可以增加同小区老年人的交流，方便照应，可以改善老年人长时间闷居家中，无人照顾的情况。另外小区的中庭将会成为孩子玩耍的场所，这样也会增加经过中庭的老年人与孩子们的交流。

猪股笃雄： 的确应该这样。如今已经不是我们建造好小区硬件就能自动形成优质小区的时代了，特别是老年人比较多的小区，住户大多极少出门，闷居家中，缺乏与外界的交流。在这样的情况下，我们作为提供住宅的一方，应当要为小区提供支持。这也是县公社今后的一大重要使命。

饭田善彦： 不仅仅建造小区的硬件设施，连软件设施都要考虑在内，这的确是县公社的一项突出的转变。

猪股笃雄： 这种转变来自于我们经营老年人住宅的经验。25年前我们开始经营老年人住宅时，入住的老年人的平均年龄只有65岁，现在平均年龄已经达到84岁了。这其中有近50%的老年人处在需要护理的状态。需要护理的老年人增加了，我们的人力成本也跟着增加，最后经营上就会亏损。因此要在日常生活中预防老年痴呆和老年抑郁症，减少需要护理的老年人数量。预防老年痴呆和老年抑郁症的关键在于三点：饮食、运动、生活乐趣。为了给老年人提供更多生活乐趣，我们连续两年为老年人举办音乐会。参加人数很多，音乐会效果很好。我们接下来就号召老人们也能上台唱歌，而不是只在台下做听众。我们要把类似这样运营老年人住宅的经验活用到这次的小区重建上。大和町小区的竣工仪式上初步决定邀请本地音乐学院的学生和校友来开演奏会。当然，举办这些活动肯定是需要硬件设施的，但是只有硬件设施还不够，我们还应该与当地的小区工作相结合。从明年4月份开始，我们将在饮食和运动两方面上与当地联手，与当地志愿者合作，使小区乃至地域充满活力。

饭田善彦： 正如猪股先生所言，软硬件设施相互配合才会最大效力地发挥作用。然而软硬件设施应该如何相互配合，硬件设施应该如何建设，无论哪个时代这都是重要的课题。先前提到过，建设软件设施的目的是照顾老年人并打造优质小区，这类软件设施的建设必然要对原有的建筑形式做出改变。当然，也不是说这次大和町小区的重建就是要选取一个和以往的建筑形式都不同的新形式。我的想法并不是要把这次的重建当作一个特例来完成，而是重新对小区和住宅进行审视和把握，采取一个与时代相适应的建筑形式。公社设立初期的建筑样式虽紧凑却充满了创立之初的热情和使命感。如何形成小区？如何加深小区与地域的联系？我很期待设计人员能够高瞻远瞩，充分考虑这些问题，像公社创立初期那样把自己的热情和理念在设计上充分表达出来。

箭健夫： 最重要也最困难的就是我们内部要转变思维方式。非常难得的是停工十年之后能够重新开始建设工作，年轻员工也能积累很多实践经验。

猪股笃雄： 是的。我们曾经就公社是否要民营化展开过讨论，在那个时代，公社的存续本身就已经是问题了，更遑论向前展望规划蓝图。而今的情形相比当年已大不相同，不仅公社的经营模式有了长足进步，时代背景也已不同。顺应时代的潮流，让县公社向前发展已成为大势所趋。

（2015年7月12日于饭田善彦建筑工房
文字：日本新建筑社编辑部）
（翻译：隋宛秦）

对继承步行通道和开放空间的公营住宅进行改建

县营吉岛住宅21·22号馆

设计 土井·松冈设计联营体
施工 锦建设（21号馆）鸿治组（22号馆）
所在地　广岛县广岛市中区
SOCIAL HOUSING IN HIROSHIMA
architects: KAZUHIDE DOI ARCHITECTS / MATSUOKA ARCHITECT OFFICE

南侧视角。在县营住宅的改建项目中，面前的是21号馆，由2栋2层的低层建筑和1栋9层的高层建筑连接而成。深处是22号馆，由3栋4层建筑连接而成。每栋建筑间的1层都架空，从而创造出连接中庭的步行贯穿通道。南面墙壁的正面宽度为220 mm，楼板宽度为260 mm。为减轻地桩负担，将高层建筑以外设计成箱式，同时缩小跨度与层高以减轻其重量，使建筑物剖面更加细长

南侧远景。宽阔道路的右侧为市营住宅，左侧为县营住宅。左侧的高层建筑和5栋低层建筑就是本次作为第4代改建的21·22号馆，其构成沿袭了伫立在北侧和南侧，约30年前建造的县营住宅和风车型街区所形成的流动线

中庭。21号馆和22号馆之间设置了长约11 m的开放空间，将其作为行人的贯穿通道和居民的社区场所。通过栽种植物，将分散设置的自行车存放处覆盖起来，使其成为中庭的景观要素

继承原有景观，创造新型住宅网络

本计划为对建造在广岛市沿岸地区的县营住宅进行的改建，通过广岛市推进的"充满魅力的建筑物创造事业"的一环——"广岛型建筑提案"得以实现。

在本计划当中，将北侧邻地的风车型街区所包围的公园和改建前的中庭当作本地区的重要景观要素，形成6栋住宅楼围绕着步行专用的中庭的构造。并且，新的中庭的设计也考虑到通过住宅楼之间的通道将北侧街区的公园和南侧街区的广场连接起来，同时，通过纵贯南北的步行通道将包括本计划的中庭在内的三个绿化开放空间以全新的方式连接在一起。

在距低层独立住宅较近的用地西侧，将2层和4层建筑分割成几个区域以达到与周边的和谐。在宽阔道路对面的用地东侧配置了9层的高层建筑，使其与沿路建立的其他公营住宅群的较大区域相对，设置了可眺望濑户内海的住户。通过高层建筑的高而窄的设计，减少了长时间连续没有阳光照射的部分。因为有高层建筑，低层建筑的层数和密度更低；因为有低层建筑，高层建筑显得更加纤细，达到平衡。由此，使每个住户都具有特别的魅力。外观上虽然分割为6个区域，但是从通路来看，形成了南北两栋建筑的单侧走廊型集合住宅，可通过两台电梯，便捷地到达所有住户。中庭通过6个区域之间的4个通道对周围的社区开放，将步行通道引入了老龄化严重的住宅环境当中。同时，为使每个住户都能够直接与周边的社区相连，在这4个通道对面设置了公用楼梯。

通过集合住宅的计划，尝试对周围地区的开放空间和行人通路进行再定义，通过分割建筑物区域、进行配置，调整了周边公营住宅群和私人独立住宅的规模。

（土井一秀）

（翻译：李经纬）

高层建筑俯瞰视角。创造出了与周围县营住宅相连的贯穿南北方向的通路

县营吉岛住宅 改建的历史与继承

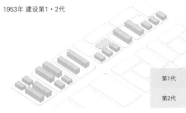

1953年 建设第1·2代

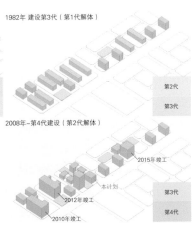

1982年 建设第3代（第1代解体）

2008年~第4代建设（第2代解体）

在此县营住宅区中，约每30年进行一次改建，采取保留一半住宅楼的形式。这并不是说整体计划只适用于一部分，而是在继承上一代建筑影响的基础上，对建筑整体进行慢慢地调整。本计划就是第4代的一部分。在本计划中，作为面向下一代的新的地区景观和行人网络，重新定义了上一代的低层住宅楼和中庭的构造。

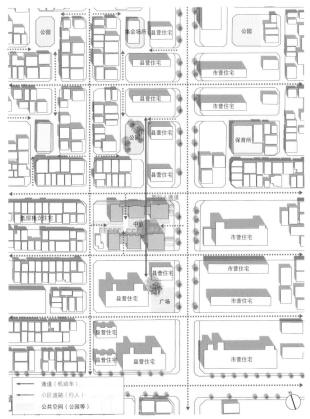

区域图 比例尺1:3000 在用地北部有战后不久建设的风车型街区，作为连接外围交通和中庭的交通要道，平缓地将行人与机动车分离开来

北侧视角。通过将沿大道的1栋建筑物设计成高层，在满足所必需的户数的同时，也考虑与其他住宅楼的区域平衡感，设计考虑到了与街道的连接和高度问题

21号馆共用走廊下方视角。栏杆中的一部分作为隔断墙承担着结构作用，同时也用作各个住户的收纳设备空间。为能便捷地到达开放空间，在1层桩基的上部，设置了公用楼梯

改建公营住宅的意义和设计者的职责

采访向土井一秀（设计者）——

现今，住户数量超过家庭数量。在这种情况下，公营住宅的作用，已不是像过去那样用于解决住宅不足和提高住宅环境，其主要作用是为那些难以确保居住场所的人们提供福利。此县营住宅周围，医院、学校等公共设施集中，在这里为支持老年人、育儿家庭而进行改建也是具有合理性的。我们必须认识到，与其建设更加舒适的住宅，不如通过减少建设费用，以帮助更多的居住者，减轻纳税人的负担。这才是设计者的职责。

同时，哪怕稍稍提高成本，也要提出替换方案。现在，城市的公营住宅中，很多都为了便利化，同时建造了具有电梯的高层住宅和面积宽阔的平面停车场。我们所提出的通过分割区域和行人通道构成的广场网络，是对空间设计的一种尝试。如果今后社会的收入差距继续扩大，作为社会性的职责，设计者应当考虑将地区与居住者相连，并为提高公营住宅的形象而做出贡献。

继承街道风景，促进交流

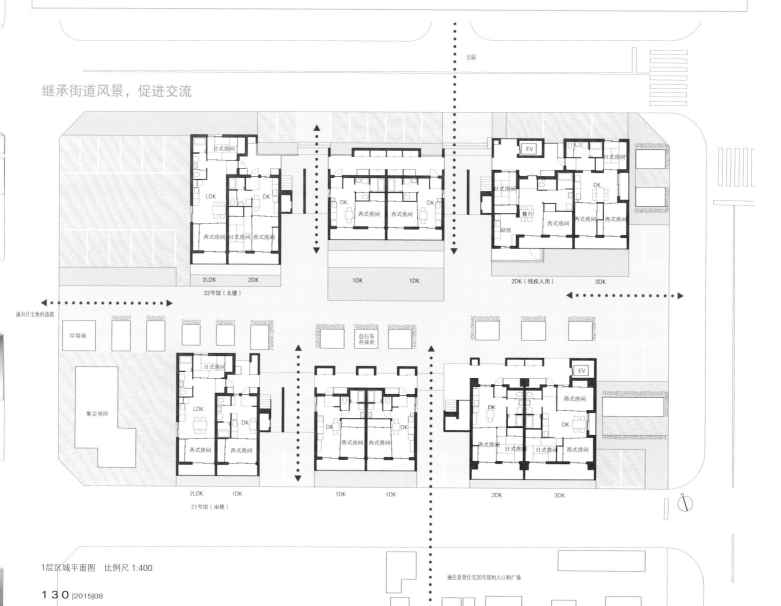

1层区域平面图　比例尺 1:400

房间内部。室内不设置走廊，而是采用门窗进行隔断。县营住宅中，大部分居民会长期居住，因此考虑通过由居民改变布局来提高室内环境的舒适度

房间内部。可在窗边眺望附近的濑户内海，开窗换气*

为长期居住者设计的房间

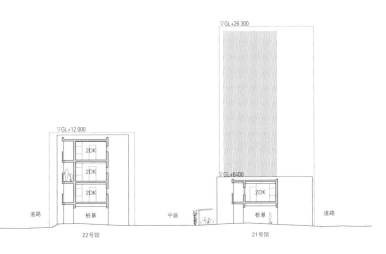

剖面图　比例尺 1:500

灵活应对家庭结构的变化，不设置走廊，而是通过可移动隔断平缓地对房间进行分割

室内平面图　比例尺 1:150

所在地：广岛县广岛市中区
主要用途：共同住宅
所有人：广岛县
设计
建筑：**土井一秀建筑设计事务所**
　负责人：土井一秀　半田和之　宍户雄树
结构：松冈设计
　负责人：松冈秀直　松冈政和　神垣政博
机械：西川建筑设备设计
　负责人：西川稔　荒槇真介（原职员）
电力：设计室TANIGUTI
　负责人：谷口昌治
监理：广岛县修缮科
　负责人：21号馆：坂口智秀
　　　　　22号馆：保本尚久
施工
建筑：21号馆：锦建设
　负责人：角保一幸
　　　　　22号馆：鸿治组
　负责人：中岛博明　田村义夫
空调・卫生：DAN环境设备
　负责人：国永康佑
电力：21号馆：大保电业
　负责人：藤井悟
　　　　　22号馆：国荣电力商会
　负责人：西本英男
升降机：21号馆：日本ELEVATOR制造
　负责人：村上直干
　　　　　22号馆：三精TECHNOLOGY
　负责人：松平卓也
榻榻米：西尾节吾商店
　负责人：西崎茂
规模
用地面积：2645.69 m²

建筑面积：21号馆：464.21 m²
　　　　　22号馆：476.79 m²
使用面积：21号馆：1701.28 m²
　　1层：365.34 m²/2层：363.71 m²
　　3~9层：138.89 m²
　　22号馆：1560.85 m²
　　1层：380.29 m²/2~4层：39.52 m²
建蔽率：41.45%（容许值：60%）
　21号馆：17.5%　22号馆：18.0%
容积率：109.30%（容许值：200%）
　21号馆：56.3%　22号馆：50.3%
层数：21号馆：地上9层　一部分2层
　　　22号馆：地上4层
尺寸
最高高度：21号馆：26 300 mm
　　　　　2号馆：12 300 mm
房檐高度：21号馆：25 500 mm
　　　　　22号馆：11 500 mm
层高：2800 mm
顶棚高度：起居室：2400 mm
　　　　　盥洗・更衣：2100 mm
主要跨度：21号馆：5800 mm × 8200 mm
　　　　　22号馆：6300 mm × 5450 mm
用地条件
地域地区：第1种居住地区　防火地区　市街化
　区域　建筑物等景观协议（广岛市）
道路宽度：东20.0 m　西6.0 m
　南6.2 m　北9.8 m
停车辆数：29辆（包括残疾人用1辆）
结构
主体结构：钢筋混凝土结构
桩・基础：桩基础
设备
空调设备

空调方式：独立空调方式（居住者另行施工）
卫生设备
供水：自来水管直接供水方式（21号馆2层建筑
　部分）
　增压供水方式（22号馆，21号馆9层建
　筑部分）
热水：瓦斯热水器方式
排水：自然流下
电力设备
受电方式：共同引入（建筑内专用柱）
设备容量：电灯 21号馆：129 kVA
　　　　　22号馆：123 kVA
动力 21号馆：9.3 kVA
　　　22号馆：3.4 kVA
防灾设备
防火：灭火器　火灾报警设备　连接送水管道
　（仅21号馆）
升降机：各1台
工期
设计期间：2012年12月~2014年1月
施工期间：2014年2月~2015年5月
工程费用
建筑：657 776 160日元（含税）
机械：81 886 680日元（含税）
电力：90 926 280日元（含税）
升降机：34 109 640日元（含税）
榻榻米：2 592 000日元（含税）
总工费：867 290 760日元（含税）
外部装饰
屋顶：TAJIMA ROOFING INC.
外壁：SUZUKAFINE
开口部位：LIXIL
外观：前田道路
内部装饰

起居室
地面：EIDAI
墙壁・天花板：SANGETSU
盥洗・更衣
地面：SANGETSU
墙壁・天花板：SANGETSU
主要使用器械
整体浴室：TOTO
厨房：TAKARA-STANDARD　A型
盥洗：TAKARA-STANDARD　SLD型
单位面积
户数：50户
──摄影：日本新建筑社摄影部（特别标注除外）
　*图片提供：土井一秀建筑设计事务所

土井一秀（DOI・KAZUHIDE）

1972年出生于广岛县/1995年毕业于广岛大学工学部第四类建筑系建筑学专业/1997年修完广岛大学研究生院工学研究科环境工学专业硕士课程/1997年~2001年就职于小川晋一都市建筑设计事务所/2002年~2003年任文化厅新进艺术家海外研修员foreign office architects（伦敦）/2004年至今担任土井一秀建筑设计事务所负责人

松冈秀直（MATSUOKA・HIDENAO）

1974年出生于广岛县/1997年毕业于广岛工业大学环境设计专业/1997年~2003年就职于五洋建设/2003年~2013年就职于松冈建筑设计事务所/2013年至今担任松冈建筑设计事务所董事长/2014年将公司更名为松冈设计

坐落于山丘、位于横滨王子大饭店旧址的大型出售公寓

Brillia City 横滨矶子

设计施工　大成建设　HASEKO Corporation

所在地　神奈川县横滨市矶子区
BRILLIA CITY YOKOHAMA ISOGO
architects: TAISEI CORPORATION + HASEKO CORPORATION

东南侧俯观，位于横滨王子大饭店旧址的大型出售公寓，坐落在矶子站前高约60m的
高地上，基可容纳1290户住户。公寓正面沿用了王子饭店的圆弧状外形，右侧的道
路在此之前为私人所有，本次项目对其进行了公有化

王子大饭店旧址上的大型开发项目

　　在可以俯瞰横滨港的高约60 m的山丘之上，有一片约100 000 m²的用地，这便是当初的计划用地。本次大型综合性开发项目以1230户的集合住宅为主体，兼有商业设施、饭店、医疗设施、育儿设施等。其中，大成建设负责电梯、地下停车场的设计、施工以及贵宾馆的保存及改造工程。HASEKO Corporation负责住宅楼、医疗设施、育儿设施以及景观设计的工程。

　　这块用地的历史可以追溯到1937年贵宾馆（旧东伏见邦英伯爵府邸）落成之时，战后横滨王子大饭店一度出现了繁华时期，后又因社会经济环境不景气而转向衰落。本次计划致力于地标性建筑贵宾馆（横滨市历史建筑物）的保存、改造的同时，利用这片土地丰富的自然环境，创造出绿意盎然、富有生活气息的全新环境。

　　建筑群充分发挥具有高度差的地形优势，与山丘平缓的山脊线相呼应，构成别具一格的地平线。从建筑物的设计来看，面向大海一侧以玻璃栏杆为主体，中庭一侧外部阶梯最上部的房檐以及颇具特色的窗户形状与贵宾馆交相呼应，可谓个性十足，相得益彰。

　　在小区的景观设计中，最大限度保存原有树木，并通过建设地下停车场等措施来提高空地率，以便引进新品种植物，最终实现50%以上的绿化率。

　　1230户住宅分布在13栋楼中，面积为50 m² ~ 140 m²不等的多样性住宅可满足不同住户的生活需求。不同的户型满足彼此不同的生活方式，形成了多代人共同居住的乐园。这个坐落在山丘之上的小区，将会成为这一带的标志性建筑，也会是一片充满活力的场地。

（栗原章/ HASEKO Corporation）

（翻译：倪喃）

从广场方向看向北侧，图中贵宾楼介小区的通道24小时开放，附近的居民也可利用。广场尽头并排接待处，左侧为商业设施，向里可以看见矶子台的住宅楼。

中心花园俯瞰视角。面积约7000 m²的绿地尽收眼底。图中下方为地下停车场的换气口

Residence-H·G北侧外观。充分利用地块高度差，将住宅楼的一部分没在水平面以下，如此一来，可让地平线的过渡更加平缓，使建筑物与周围景观达到很好的融合。公寓中既有可以看向玻子湖的南向户型，又有面向公园的北向户型，多使设计增风多样性。

旧美邸（旧东伏见邦英伯爵的邸府旧不会），对用地东侧的贵宾道在原有用地上进行了改造，现作为饭店使用。若乘坐观光电梯上来可以从正面来到右下方的小型景布。

平面详图　比例1:2500

创造街市般的小区环境与结构

发挥山丘之上的地形优势，与附近居民共建小区

采访田中健太郎（东京建筑法人）————

·您是如何看待矶子这块用地，又为何要在这里建造公寓呢？

这块用地是横滨王子大饭店的旧址，矶子这块区域属于面向东京湾的平缓斜坡地带，从地形上来讲具有很大的优势，也是大多数横滨人所向往的地方。因此，当时的西武集团曾将这里开发为酒店以及供名人居住的高级住宅区。建筑位于高度约为60 m的山丘之上，景色宜人，并且是横滨少见的南侧倾斜地带。因此我认为在这里，有可能建造出像东京的广尾（Hiroo）Garden Hills那样的高级公寓。在本次规划中，在充分发挥它的地形优势的基础上还要提高它的附加价值。另一方面，从交通方面来讲，虽说乘电车从矶子到市中心很方便，但外地人并不是很了解这一点，因此我们同时也希望通过这里的公寓使矶子处于更富有价值、引人注目的地区。

·从大的方面来讲，本次开发都需要哪些必备条件呢？

我认为要建造1230户的公寓，必须要得到附近居民的同意。

为此，在开发前我们与附近居民召开了几次研讨会，同时也对居民进行了问卷调查。基于多方面的调研结果，我们决定引进各种商业设施（超市、药房、咖啡厅等），诊所以及幼儿园。并且，除了对外开放小区内的人行道，我们还将矶子站到山丘顶的道路通过隧道和电梯连接起来，方便人们出行。附近的居民如果付费也可以利用。用地有一部分是法定风景区，为了进一步确保更多的空地和绿化，我们充分参考并利用了城市计划提案。如此一来，既可以减轻附近居民的压力，又打造了绿意盎然的街道。

·关于"小区建设"这一概念，您能举一个具体的例子吗？

为了建立入住者和附近居民和谐共处的小区，我们在开发之初便设立了"矶子小区管理俱乐部"。在竣工之后，该俱乐部作为住宅区管理工会的下属部门，通过定期举办跳蚤市场等活动，积极推动小区发展。另外，由于规划有很多绿地，在用地内还可以举办诸如拔杂草之类的居民乐于参加的趣味活动，这些举措有利于推进社区管理和健全管理机制。

电梯楼的入口处，通过里面电梯右侧的公路，可以到达前方高度约为60 m的山丘顶部

左：电梯楼，通过电梯可以到达里面的海景观望台　右：Residence-J大型接待处，是1230户居民的对外窗口。透过圆弧状的落地窗可见贵宾馆

所在地：神奈川县横滨市矶子区
主要用途：住宅　店铺　托儿所
所有人：东京建筑　东京急行地铁　ORIX不
　　动产　日本土地建筑贩卖株式会社　伊
　　藤忠都市开发
设计·监管———————
大成建设（商业设施、贵宾馆保存及改造、土
　地改造、电梯、隧道）
　　统筹：山本实
　　建筑负责人：高岛谦一　真木和孝
　　结构负责人：小林祥一　谷田贝健
　　设备负责人：高木淳　矢俊佐和子
　　内田元　金子一登
　　景观设计负责人：芫木伸一　山下刚史
　　加濑泰郎
　　贵宾馆保存、改造负责人：松尾浩树　杉
　　江夏呼
　　监管负责人：杉冈英幸　塚田正纪　高
　　木淳
HASEKO Corporation（住宅楼）
　　建筑负责人：栗原章　小盐功明　藤井
　　久雄
　　结构负责人：池田清志　吉田元
　　设备负责人：伊藤健一　北河顺平
　　设计负责人：毛利俊彦　镰田利奈
　　景观设计：野泽雄一
　　监管：筱原克佳
综合设计监修·外立面设计：INA新建筑研究所
景观设计：Sasaki Associates Inc.
照明设计：内原智史设计事务所
共用区室内设计：Piero Lissoni
施工———————
大成建设
　　建筑负责人：佐佐木胜也　佐藤靖昌
　　设备负责人：水野稔也
　　土木负责人：高岛浩政　香川纯成
HASEKO Corporation
　　建筑负责人：星野竜绪　中山雅央
　　辻川彰　山口秀树
规模———————
用地面积：101 115.64 m²

建筑面积：24 662.27 m²
使用面积：157 582.05 m²
地下1层：17 827.86 m²
1层：576 196.2 m²/2层：14 635.43 m²
建蔽率：24.58%（容许值：60%）
容积率：147.18%（容许值：171.70%）
层数：地下2层　地上10层
尺寸———————
最高高度：30 990 mm
房檐高度：30 940 mm
层高：2910 mm
顶棚高度：客厅：2450 mm
主要跨度：6200 mm×13 200 mm
用地条件———————
地域地区：第1种中高层居住专用区
　　第1种居住区
　　第2种居住区　近邻商业区
　　第4种风景区　矶子三丁目地区
　　地区计划　防火地段
　　第3种高度地区
　　第4种高度地区
　　第6种高度地区
道路宽度：东14.2 m
停车辆数：859辆
结构———————
主体结构：钢筋混凝土结构
桩·基础：固定混凝土大基底桩
设备———————
主要环保技术
多层玻璃　太阳能光伏板　CASBEE横滨S等
　　级（住宅楼）
空调设备
空调方式：风冷热泵空调
热源：电气式
卫生设备
供水：直接加压供水方式
热水：单独供给
排水：污水·杂排水合流方式
　　雨水储存槽方式
电力设备
供电方式：高压一体式供电方式（ORIX电

力）
设备容量：1Φ4400 kVA　3Φ2100 kVA
额定电力：8 kVA～15 kVA
预备电源：310 kVA发电机
防灾设备———————
灭火：自动火灾报警设备　连接式送水管
　　室内消火栓　洒水设备　泡沫灭火器
排烟：自然排烟
其他：防灾井　紧急用水生成系统　紧急情况
　　广播装置
升降机———————
住宅用9人×21台
住宅用13人×2台
特殊设备———————
太阳能发电设备　风力　太阳能光伏板路灯
紧急地震速报系统设备　垃圾粉碎机
工期———————
设计期间：2010年4月～2011年9月
施工期间：2011年10月～2014年2月
单元面积———————
户数：1230户
住户可用面积：56.19 m²～142.11 m²
　　　　　　——摄影：日本新建筑社摄影部

栗原章（KURIHARA·AKIRA）

1957年出生于栃木县／
1980年毕业于千叶工业大
学工学院建筑系，之后就
职于长谷川工务店（现
HASEKO Corporation）／
现任HASEKO Corporation工程事业部设计
主管

山本实（YAMAMOTO·MINORU）

1966年出生于岛根县／
1988年毕业于神户大学工
学院环境规划系／1990年
毕业于神户大学研究生院，
之后就职于大成建设／现任
大成建设设计本部部长

左：Residence-E入口处/右上：Residence-J10层的休息室，是居民们可以共享的区域/右下：电梯入口，通过电车通用乘车卡实现出入管理。穿过隧道就可到达电梯处。附近居民在支付一定费用的条件下也可使用

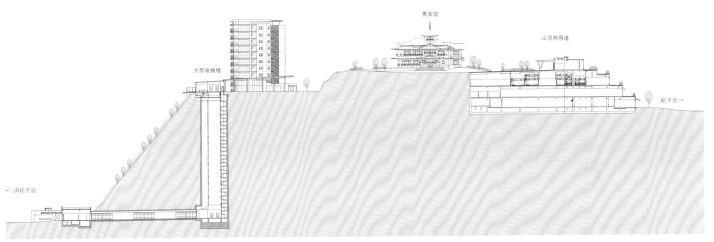

剖面图　比例尺 1:1500

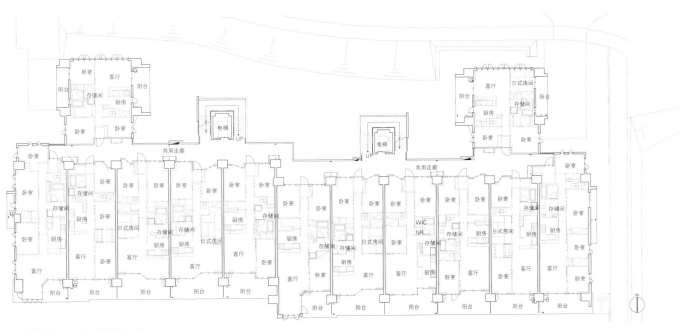

H栋标准层平面图　比例尺 1:300

与皇居森林、城市中心相呼应的布局规划

千岛渊公园住宅

设计　三菱地所设计　竹中工务店
施工　竹中工务店
所在地　东京都千代田区
THE PARK HOUSE GRAN CHIDORIGAFUCHI
architects: MITSUBISHI JISHO SEKKEI + TAKENAKA CORPORATION

从基地看向千岛渊与皇居森林。该建筑为集合住宅，包含分布在
地下1层和地上14层的60个住户。建筑采用框架结构，面向内嵌
大街与皇居森林而建，布局规划与多条城市轴线相交

千岛渊视角。该项目在设计时，计划使所有住户都能够穿过千岛渊望到皇居外廊。房檐向外伸出越过墙体，在建筑外部形成轮廓清晰的水平线

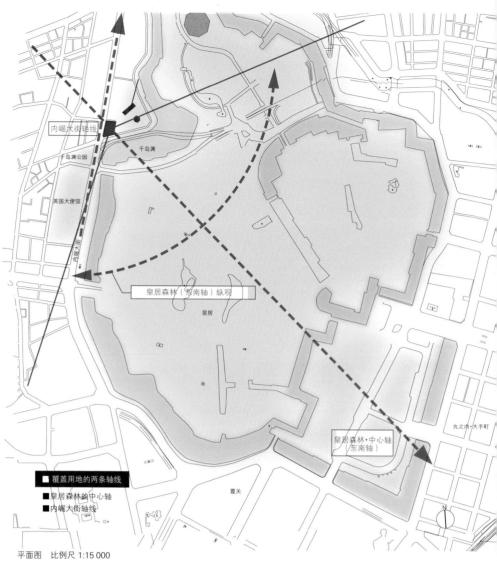

上：英国大使馆前方视角。建筑左手边是内崛大街
下：内崛大街视角。为了与周边办公楼的外观相统一，西北侧外立面为格子结构

内崛大街轴线线

千岛渊公园

英国大使馆

皇居森林（东南轴）纵观

皇居

千岛渊

丸之内·大手町

皇居森林·中心轴
（东南轴）

霞关

■覆盖用地的两条轴线
■皇居森林的中心轴
■内崛大街轴线

平面图　比例尺 1:15 000

正门

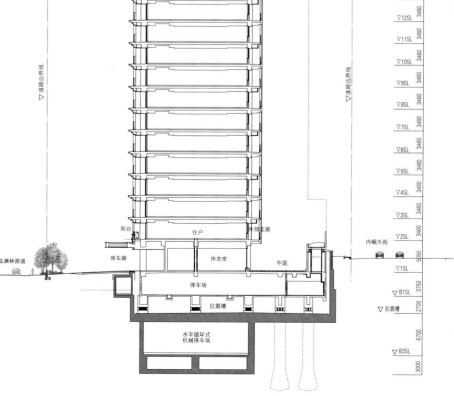

皇居森林

首都高速城市环状线

壕沟

千岛渊林荫道

通路边界线

阳台　住户　外廊下

停车廊　休息室　中庭

停车场

抗震槽

水平循环式
机械停车场

通路边界线

内崛大街

阳台　住户　外部走廊

▽RSL　650
▽14SL　3710
▽13SL　3710
▽12SL　3460
▽11SL　3460
▽10SL　3460
▽9SL　3460
▽8SL　3460
▽7SL　3460
▽6SL　3460
▽5SL　3460
▽4SL　3460
▽3SL　3460
▽2SL　3460
　　　　5050
▽1SL
▽B1SL　3750
▽抗震槽　2700
　　　　6700
▽B3SL　3000

剖面图　比例尺 1:600

从住宅看向面向千岛渊的东南向露台。露台进深2000 mm，阳台与室内相连

中庭视角。右手边为共用休息室

窗边近景。房檐分为三层，展现水平方向的层次感与美感。外壁为花岗石

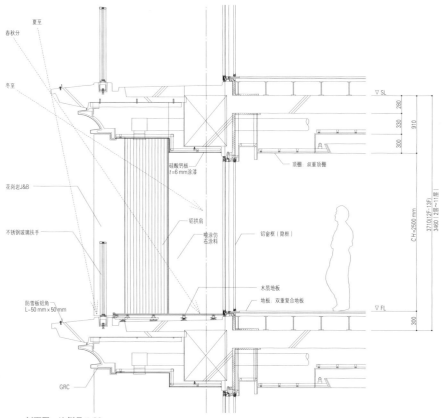

剖面图　比例尺 1:60

以环境为导向的住宅形式

该建筑位于千鸟渊的岸边，东南方可望到皇居森林。该项目旨在建造具有悠久历史风格的宅邸，并最大限度吸取周边的建筑特色，以达到与周围建筑和谐相融的目的。

首先，建造时计划使建筑面向皇居森林中心（东南），如此可全面感受到皇居森林。此外，我们将阳台兼用作传统房檐，设计令人心情舒畅的窗户，使人在阳台能够感受到该地所特有的远景与新鲜空气。另一方面，建筑西北方外形为2层格子状，与墙面位置线平行而建，进而使建筑与内崛大街的景观与规模相协调。正对皇居森林与内崛大街的外观虽然形状独特，但其内部平面，也就是内部私人空间的形态却极为简单。为了保护住户隐私，住户活动区域与管理服务动线完全分离，并设有多重安全设施。此外，考虑到环保要求，建筑采用高压统一供电与太阳能发电系统。为了最大限度减轻灾害的影响，建筑不仅采用抗震结构，还设有在灾害发生时能够维持基础设施正常运行的防灾设备（应急发电机、应急水源、临时厕所、防灾储备仓库），从而让住户安心居住。

（石井邦彦：三菱地所设计）

（翻译：郭启迪）

所在地：东京都千代田区三番町2-1
主要用途：共同住宅（2~5层：出租住宅 6~14层：出售住宅）
所有人：三菱地所住宅　三创产业
设计
建筑：三菱地所设计（全体统筹）
　　统筹　井上一三　近藤正
　　负责人：田口重裕　石井邦彦
　　织田大助　岸上和树　石见由起
　　竹中工务店（出租楼装修）
　　负责人：筱崎淳　梅野圭介
结构：竹中工务店
　　负责人：麻生直木　小仓史崇
设备：三菱地所设计

监理：三菱地所设计（统筹）
　　负责人：小泉豪　宇野宫阳介
　　丰田嵩史
　　竹中工务店（结构）
　　负责人：白石真一
施工
建筑：竹中工务店
　　负责人：西居昭彦　岩崎宏之　西方比吕志
　　辰巳雄介　石崎隼人　米仓贵宏
空调·卫生：斋久工业
电力：雄电社
规模
用地面积：2308.10 m²

建筑面积：1550.50 m²
使用面积：14 604.79 m²
建蔽率：67.18%（容许值：80%）
容积率：383.76%（容许值：400%）
层数：地下2层　地上14层　屋顶1层
尺寸
最高高度：49 980 mm
房檐高度：49 330 mm
层高：3460 mm　3710 mm
顶棚高度：2400 mm　2500 mm　2800 mm
主要跨度：8500 mm×8500 mm
用地条件
地域地区：第1种居住区
　　三番町B地区地区计划

道路宽度：西27.0 m　南15.6 m　北6.46 m
停车辆数：54辆
结构
主体结构：钢筋混凝土　部分钢结构
　　抗震结构
桩·基础：直接基础　部分灌注桩基础
设备
环境保护技术
高压一体式供电方式+太阳能发电系统（SOLECO）
空调设备
空调方式：整体式空调热泵+第1种第3种换气方式
热源：热泵

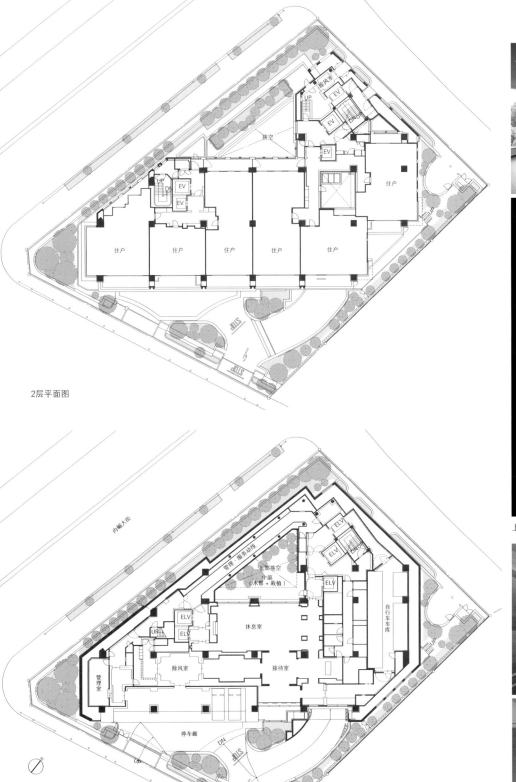

2层平面图

1层平面图　比例尺 1:600

上：出租层客厅/下：从出租层走廊看向客厅

上：从除风室看向接待室/下：休息室

卫生设备
供水：直接加压供水方式
热水：煤气热水暖气热源机
排水：单管式排水连接方式
电气设备
供电方式：高压一体式供电方式
设备容量：1300 kVA（变压器容量）
备用电源：备用发电机500 kVA
防灾设备
消防：室内消火栓　SP　泡沫灭火设备
　　　惰性气体灭火设备　连接供水管
排烟：自然排烟
其他：应急广播　自动火灾报警设备　感应灯
升降机：13人×3台　24人×1台

紧急用：26人×1台
特殊设备：自动洒水设备　水景设备
工期
设计期间：2011年10月～2013年2月
施工期间：2013年2月～2015年3月
外部装饰
外墙：TAKAO　矢桥大理石
开口部位：LIXIL
主要使用器械
卫生陶器：TOTO等
照明器具：松下
厨房：GAIA
UB：NIPPORI KAKO Co., Ltd.
租金·单元面积

户数：69户（其中出租户数24户）
住户可用面积：72.26 m²～465.27 m²
——摄影：日本新建筑社摄影部

石井邦彦（ISHII·KUNIHIKO）

1967年出生于神奈川县/
1991年毕业于东京理科大
学理工系建筑专业/1993年
修完东京理科大学研究生院
理工学研究科硕士课程/
1993年就职于三菱地所/2001年就职于三菱地
所设计/现担任三菱地所设计建筑设计环境部
副部长

丰州 44 层塔式住宅

SKYZ TOWER & GARDEN

设计施工　清水建设
所在地　东京都江东区
SKYZ TOWER & GARDEN
architects: SHIMIZU CORPORATION

描绘新风景

　　新丰州地区位于东京都中心，距离东京站约5000 m。这里被青山绿水环绕，自然环境极其优美。日本政府与民众共同努力从零开始打造了这片美丽的街区。本文介绍的是这片区域的标志性建筑——可容纳1100户居民的超高层塔式住宅。本地区的建设目标是成为环境与防灾一体化的先进都市。为了实现这一目标，新丰州地区开展了很多建设项目，包括新丰州市场、商业设施、地区办事处、图书馆、文化中心、高层办公楼等。为了支持该地区的儿童教育，还设有育儿保障设施。此外，丰州西小学坐落在运河的对岸，旁边是综合医院。该区域内绿水环绕，运河散步道也已建设完成。

与时俱进的塔式建筑

　　这座塔式住宅作为"先进环境都市"的象征，追求南面最大化的视觉效果。为了减轻厚重感，设计上采用了外置框架与内置框架并用的形式来展现格局之美，体现出明快的设计感。这种独特的设计使该建筑成为东京海岸的新标志。我们计划将该建筑与丰州六丁目公园和运河散步道构建为新的绿色空间，因此事前也做了充分的生态系统调查。比如，该地区种植什么样的植物，有着什么样的地理环境，聚集了哪些自然生物等。通过分析这些来具体实施绿色计划，希望将该地打造成为绿树环绕、水鸟栖息，有利于儿童成长的新环境，达到人与自然和谐共处的新目标。

（原田洋/清水设计）

东侧俯瞰图。该建筑位于东京湾，面临东灵运河。最高高度达154.9ｍ，共44层，可容纳1100户居民。以2011年丰州区建设方案为基础，在日本政府与民众的共同努力下，此地进行了大规模开发。建筑左侧为正在建设中的丰州新市场。丰州地区的3-2街区建有SKYZ，呈扇形排列。右侧是正在建设中的可容纳550户居民的公寓楼"BAZY TOWER & GARDEN"

东侧夜景。建筑为塔式住宅，南侧的视角非常广阔。夜间，为了把该建筑与附近的建筑区别开来，住宅内采用色温为3000 k左右的灯光，建筑顶部则采用4000 k片白色顶灯

从零开始打造丰州街区新景象

·请说一说丰州开发的经过。

在第二次世界大战以后，丰州地区作为经济重建区，主要生产钢铁及煤炭等。"SKYZ"所处的新丰州地区有东京燃气的主要工厂及东京电力公司的火力发电厂，为各地提供能源。东京都江东区民间企业家、政府和普通民众共同努力，打造全新的丰州街区。

最初的计划来源于2011年提出的江东区丰州建设方案，旨在将该地区建设成为青山绿水环绕，自然环境优美的新街区。

·建设这样一个可以容纳1100户居民的塔式建筑，面临着怎样的困难?

本次是"东京建设计划"的第一步。开发的不仅仅是单个建筑，而是整个3-2街区，我们必须顾全大局，所有计划共同实施。

本次计划要开发大片绿地，打造多样生物栖息地。我们进行生态系统调查，在地区内为生物栖息提供条件，实现人与自然和谐共处，打造全新公寓住宅区。

都市计划的建设计划以区域内"丰州

3-2街区建设方案"为基础，建设绿道及广场，还包括树木、照明设施等，在建设和谐街区以外，还提出了一体化建设开发新提案。此外，我们还做了相关的事前调查，调查相关环境情况并改善社区环境，提高植被覆盖率。大规模开发建设，使都市与生物多样性并存，打造更加和谐优美的居住环境。

此外，为了减轻大气污染，营造良好的社区环境，该地区还为人们提供休息空间，以方便居民之间的相互交流。

·请您说说今后的展望。

今后，这个地区将会协助东京奥运会的举办，并计划有新市场的开发、环状2号线的开通等众多值得期待的项目，希望可以吸引更多人的关注。此外，在当今社会，环境保护与防灾意识非常重要，我们也力求打造环保都市以适应时代。采用先进的环保技术、防灾设施来为居民生活提供便利，打造优美自然环境为居民提供优质居住环境，实现人与自然和谐共存。

（翻译：倪喃）

西南侧上部实景。建筑使用外置框架与内置框架相结合的形式，展现格局之美

丰州3-2街区全景。绿化、住宅相辅相成

区域东南侧实景。绿化地带的过马路步道，水边绿地相连

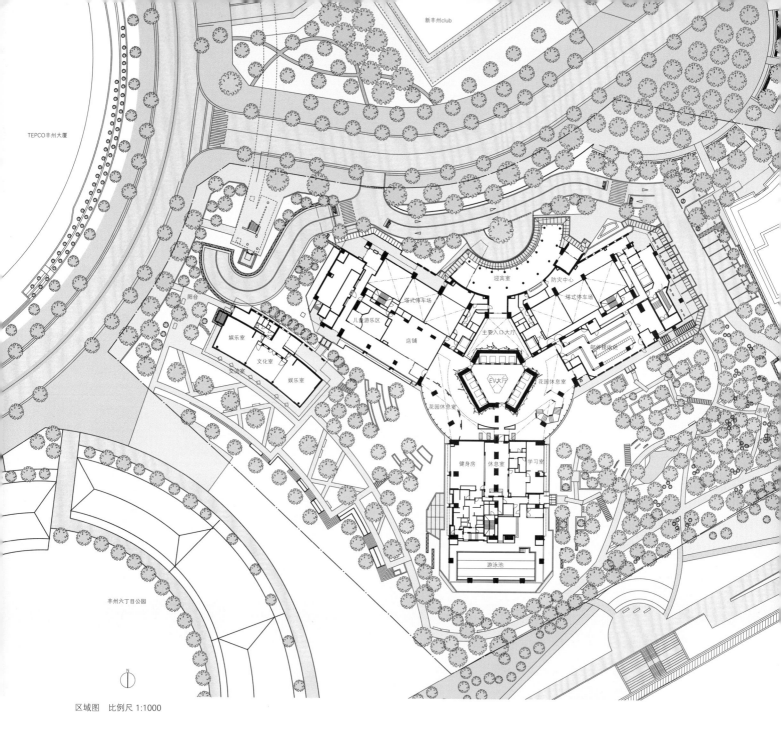

迎宾室
防灾中心
塔式停车场
塔式停车场
儿童游乐区
店铺
主要入口大厅
邮件投放室
娱乐室
文化室
娱乐室
EV大厅
花园休息室
花园休息室
阳台
健身房
休息室
学习室
游泳池

丰州六丁目公园

TEPCO丰州大厦

新丰州club

N

区域图　比例尺 1:1000

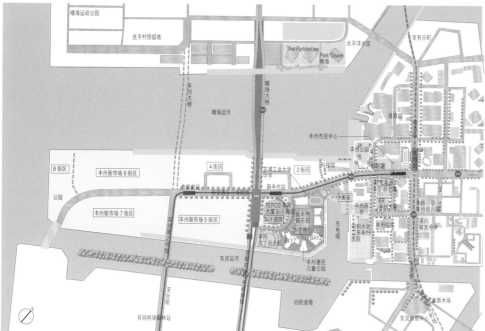

晴海运动公园
选手村预留地
太平洋水泥
至有乐町
The Parkhouse
Park Tower
晴海
晴海运河
晴海大桥
丰州大桥
丰州市民中心
丰州公园
保育
8街区
丰州新市场6街区
4街区
芝浦工业大学
中学
2街区
科技馆
丰州小学
丰州小学幼儿园
公园
丰州新市场7街区
丰州新市场5街区
新丰州站
TEPCO丰州大厦 3-1
3-1街区
丰州俱乐部
丰州小学
南和东丰町医院
深川第五中学
东电堤
东丰町
丰州六丁目公园
丰州惠民儿童公园
SKY7
BAY Z
3-2街区
东灵运河
旧防波堤
有明网球森林站
东灵筑物站
丰州新木场

N

区域图　比例尺 1:15 000

建筑物用地西侧。整休中的运河散步道、丰州六丁目
水边绿地。建设方案中的绿色丰州与丰州六丁目公寓
及水边绿地紧紧相连

1层店铺前实景。这里有便利店，为公寓内居民提供
便利，同时也为居民交流提供空间

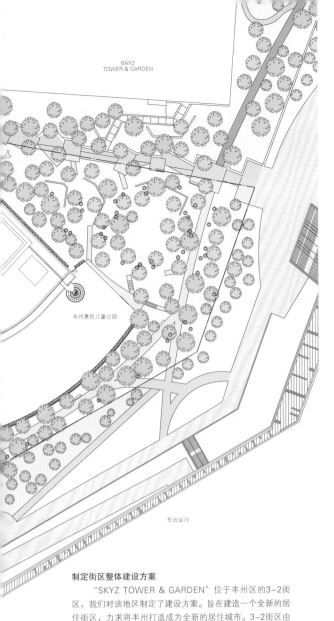

BAYZ
TOWER & GARDEN

丰州惠民儿童公园

东云运河

制定街区整体建设方案

　　"SKYZ TOWER & GARDEN" 位于丰州区的3-2街区，我们对该地区制定了建设方案。旨在建造一个全新的居住街区，力求将丰州打造成为全新的居住城市。3-2街区由数个街区组成，因此，我们与其他企业一同合作，共同完成目标。

　　建设方案明确了各街区的建设分工，并保证各街区的一体化建设。该地区有丰富的植被资源及水资源，这些都为 "SKYZ TOWER & GARDEN" 的建设提供了便利条件。同时，在一部分外观设计上，不同建筑物采用了同样的设计。街区逐渐充满活力。

（光井纯+绪方欲久/光井纯and assoicia 建筑设计事务所）

天台上的休息区。面积约800 m²，供居民使用

1层的花园休息室。可看到公寓前的绿地，让人们在室内也可感受到自然之美

43层的客人休息室。共4个房间可供居住，可用来招待亲戚朋友

44层休息室。公共空间，可眺望远处美景

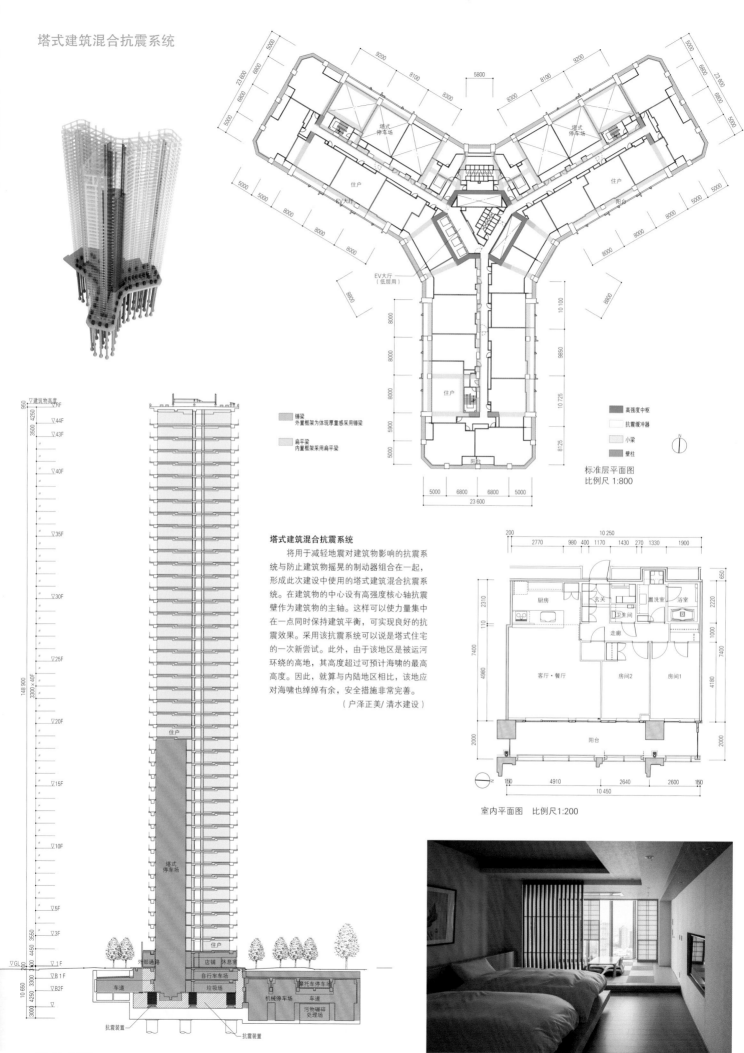

锤梁
外置框架为体现厚重感采用锤梁

扁平梁
内置框架采用扁平梁

高强度中枢
抗震缓冲器
小梁
壁柱

标准层平面图
比例尺 1:800

塔式建筑混合抗震系统

将用于减轻地震对建筑物影响的抗震系统与防止建筑物摇晃的制动器组合在一起，形成此次建设中使用的塔式建筑混合抗震系统。在建筑物的中心设有高强度核心轴抗震壁作为建筑物的主轴。这样可以使力量集中在一点同时保持建筑平衡，可实现良好的抗震效果。采用该抗震系统可以说是塔式住宅的一次新尝试。此外，由于该地区是被运河环绕的高地，其高度超过可预计海啸的最高高度。因此，就算与内陆地区相比，该地应对海啸也绰绰有余，安全措施非常完善。

（户泽正美/ 清水建设）

室内平面图　比例尺1:200

剖面图　比例尺1:1000

43层客人休息室。因为柱子之间的距离为8 m，在室内并看不到柱子

左上：主要入口处。呈弧形上升/右上：从入口处看停车廊实景/左下：2层电梯大厅。沿主轴配置电梯/右下：1层的入口大厅。在高达6.5 m的墙壁背面设有主轴

所在地： 东京都江东区丰州
主要用途： 共同住宅（出售）
所有人： 三井房地产公寓　东京建筑三菱地产
住宅　东急房地产　住友房地产　野村
房地产

设计・监理
清水建设
统筹：山下英树
建筑负责人：原田洋　中村彻
田代直人　异红美
结构负责人：户泽正美　原田卓
冈田浩一　滨智贵
佐佐木由美
设计负责人：芝沼安　野村义明
早田真由美　松田光弘
监理负责人：佐佐木良夫
外部设计、剖面设计、室内设计监修：
光井纯建筑设计事务所　负责人：光井纯　绪
方欲久　高木简　佐藤秀人
生态调查、植被计划监修、植栽管理指导：爱
植物设计事务所
负责人：山野秀规　加藤贵子
森野敏彰　高桥启史
赵贤一　山本纪久
照明设计监修：ICE都市环境照明研究所
负责人：武石正宣　水谷纯

施工
建筑：清水建设
负责人：清水富士夫　狩川浩二郎
米谷直记　安元群治
川又拓也　田锅孝
双木晓彦　樋口政俪　南伸树
福田晃久　井上知幸
空调・卫生：樱井工业
电气：栗原工业（公共区域）
雄电社（私人区域）
供水・取暖：富士机材
灭火：NICHIBOU

规模
用地面积：21 242.52 m²

建筑面积：5761.65 m²
使用面积：141 118.64 m²
地下1层：6434.45 m²
1层：10 103.66 m²/2层：2250.72 m²
塔屋层：406.17 m²
标准层：2840.80 m²
建蔽率：27.12%（许容值：60%）
容积率：438.88%（许容值：450%）
层数：地下2层　地上44层　塔屋2层

尺寸
最高高度：154 900 mm
房檐高度：147 950 mm
层高：标准层　3300 mm
顶棚高度：标准层　2600 mm
主要跨度：8000 mm×11 800 mm

用地条件
地域地区：工业区域　防火区域　丰州地区
地区规划区域
道路宽幅：西20.0 m　北16.0 m（主出入口）
停车辆数：672辆（内：残疾人用2辆，来客
用、管理人员用13辆）

结构
主体结构：钢筋混凝土结构　部分为铁架结构
（地下抗震结构）
桩・基础：现场浇筑

设备
环境保护技术
取得"CASBEE"城市开发S级认证　取得城
市开发"SEGES"资格
空调设备
空调方式：公共区域：风冷热泵空调
私人区域：风冷热泵空调
热源：电气（空调、暖气）
卫生设备
供水：全户加压供水方式
热水：二氧化碳冷媒热泵空调供热器分户供
热水
排水：集合管接口单管方式　公共下水道　污
物碾碎机设备
电器设备

受电方式：3φ6.6 kV高压受电（公共区域）
设备容量：4050 kVA
额定电力：850 kW
预备电源：紧急用发电机3φ6.6 kV 1250 kVA
（A重油10 000储备）　额定电力850 kW

防灾设备
灭火：连接送水管　自动洒水灭火装置　共同
住宅用自动洒水灭火装置　新型气体灭
火装置等
排烟：自然排烟　机械排烟
其他：共同住宅用自动火灾报警系统　引导灯
升降机：共18台（紧急用2台、汽车用2台）
特殊设备：地热　塔式停车场　机械式停车场
垃圾处理设备　IC设备　全馆WiFi　免
费电话馆　无线通信入馆・停车　能源
可视化　天体望远镜设备　游泳池

工期
设计期间：2011年3月~2012年3月
施工期间：2012年4月~2015年2月

外部装饰
外壁：LIXIL
开口部位：LIXIL
外部结构：TOKUYAMA

内部装饰
起居室・餐厅
地板：TOPPAN
墙壁、顶棚：SANGETU　RIRIKARA RUNON
卫生间、洗浴室
地板：INAX　名古屋镶嵌工艺　TAJIMA
墙壁、顶棚：SANGETU　RIRIKARA RUNON

主要使用器械
卫生器具：TOTO
照明器具：Panasonic
空调器械：三菱电机

租金・单位面积
户数：1100户
住户可用面积：53.25 m²~130.92 m²

——摄影：日本新建社摄影部

原田洋（HARADA・HIROSHI）
1967年生于香川县/1991年
毕业于政法大学工学系建
筑专业，之后就职于清水
建设/现任清水建设设计本
部集合住宅设计部小组
组长

中村彻（NAKAMURA・TOORU）
1971年生于广岛县/1995
年毕业于东北大学工学系
建筑专业/1997年毕业于东
北大学研究科都市建筑专
业，之后就职于清水建设/
现任清水建设设计本部集
合住宅设计部设计长

灾害发生时可自主运作的能源系统构建

国际石油开发帝石有限公司　直江津东云宿舍

基本设计·监修·建立　NTT FACILITIES
实施设计　大林团队一级建筑师事务所
施工　大林团队

所在地　新潟县上越市
INPEX NAOETSU TO-UNRYO
architects: NTT FACILITIES, OBAYASHI CORPORATION ARCHITECTS AND ENGINEERS

西北侧视角。该项目是为直江津LNG（液化天然气）基地的员工建造提供基本生活保障的宿舍。为保证大规模灾害发生时LNG基地仍可持续作业，项目设施追求高度BCP（业务持续性计划）性能。该项目所构建的不仅是在基础设施不可用时能够自主运作的能源系统，还是一个有望在灾害发生时可将公用场地对当地居民开放的建筑

2层中央区设置的两层挑空活动空间

左上：宿舍室内/左下：宿舍走廊。窗户及房门上设置的换气缝隙、楼梯间及活动空间上方的平衡换气窗可进行自然换气/右：南侧视角

支撑LNG基地持续作业的BCP据点

国际石油开发帝石有限公司直江津东云宿舍位于新潟县上越市，同时也是该公司天然气管道的交接点，该地为直江津LNG基地布局规划的重点。本设施属于LNG基地轮流作业的员工日常生活的长期运营设施。与此同时，它对于支撑大规模灾害发生情况下LNG基地持续作业这一BCP来说，同样扮演着重要的角色。此外，除去公司员工宿舍这一功能，该项目还有望作为一项地区服务型设施发挥作用。当灾害发生时，它能够保障建筑物基本功能，其公用场地还可在一定期限内向当地居民开放。

该设施的设计注重"健康""安全""环境"这三大要素。

健康

该项目属于公司员工的福利保障设施，旨在建造一个使每位员工都能舒心居住的生活场所。宿舍全部朝南，不仅能够最大限度地利用日照，还阻断了来自用地北侧的铁道噪音。宿舍设计分为两种类型：一种是男性员工的集体宿舍，一种是女性员工以及短期留宿人员的单人宿舍，其面积分别为8块榻榻米、10块榻榻米大小（一块榻榻米的面积为

182 cm × 91 cm），居住舒适。面对着大型浴场、食堂等公共空间的建筑中心区域内设置有活动空间，旨在促使人们自发地聚在一起，互相交流，培养健全的人际关系。

安全

该建筑是员工们日常生活的场所，依托着员工们宝贵的生命，因此我们要将它建造成一个对灾害有强抵御能力的建筑。考虑到大规模地震与海啸，我们把重要设备和居住空间配置在超过海啸预计等级的2层以上，再构建一套基础设施不可用时能够自主运作的能源系统，以此来确保生活的可持续性。此外，我们还计划把它构建成一个社区型设施，当灾害发生时，活动空间和大型浴场等公共空间能够向当地居民开放。

环境

我们还将其打造成一个能够最大限度利用该公司的核心业务（天然气业务）、最有效组合可再生能源的环保型设施。将这项举措所产生的节能效果在活动空间中实现可视化，由此提高住宿人员的环保意识，实现了更节能的构建目标。此外，考虑到与周边环境

的协调性，稳重朴素的素材搭配具有色彩的部分，彰显公司注重环保的特质，打造简约的外观设计。

（古畑顺也/NTT FACILITIES，田中聪/大林团队）

（翻译：程婧宇）

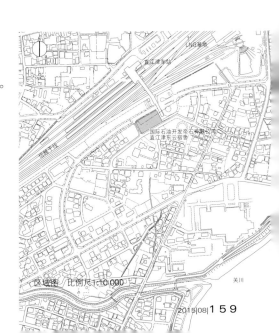

区域图　比例尺1:10 000

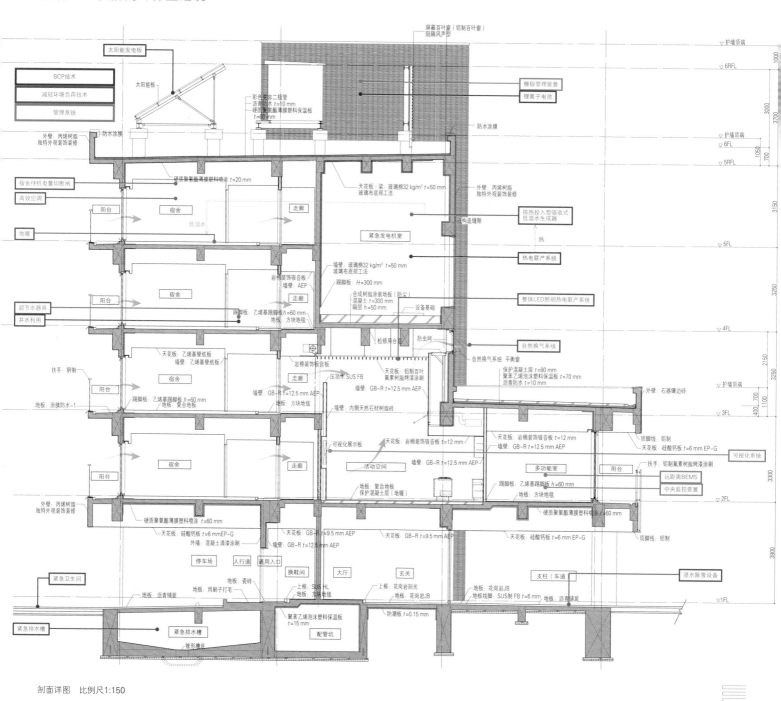

BCP技术
减轻环境负荷技术
管理系统

太阳能发电板
太阳能板

屏蔽百叶窗（铝制百叶窗）
阻隔风声型

栅极管理装置
锂离子电池

防水涂膜

外壁：丙烯树脂
独特外观装饰装修
防水涂膜

彩色蓄容二条管
沥青防水 t=10 mm
硬质聚氨酯薄膜塑料保温板
t=60 mm

天花板·梁：玻璃棉32 kg/m³ t=50 mm
玻璃布底部工法

外壁：丙烯树脂
独特外观装饰装修

排热投入型吸收式
低温水生成器

宿舍待机电暨切断闸
高效空调

硬质聚氨酯薄膜塑料喷涂 t=20 mm

阳台   宿舍   走廊

地暖

低温水

紧急发电机室

热

热电联产系统

墙壁：玻璃棉32 kg/m³ t=50 mm
玻璃布底部工法

岩棉装饰吸音板
墙壁：AEP
踢脚板 H=300 mm

合成树脂涂装地板（防尘）
混凝土 t=300 mm
隔层 h=50 mm

设备基础

整体LED照明热电联产系统

超节水器具
井水利用

阳台   宿舍   走廊

踢脚板
乙烯基踢脚板 h=60 mm
地板：方块地毯

检修用台车

防虫网

自然换气系统

自然换气系统 平衡室

扶手：钢制

天花板：乙烯基壁纸板
墙壁：乙烯基壁纸板

阳台   宿舍   走廊

岩棉装饰吸音板

压顶水 SUS FB

天花板：铝制百叶
氟素树脂烤漆刷

保护混凝土层 t=80 mm
聚苯乙烯泡沫塑料保温板 t=70 mm
沥青防水 t=10 mm

外壁：石器镶边砖

地板：涂膜防水-1

踢脚板
乙烯基踢脚板 h=60 mm
地板：复合地板

墙壁：GB-R t=12.5 mm AEP
地板：方块地毯

墙壁：GB-R t=12.5 mm AEP

墙壁：内侧天然石材树脂砖

天花板：岩棉装饰吸音板 t=12 mm
墙壁：GB-R t=12.5 mm AEP

顶脚线：铝制
天花板：硅酸钙板 t=6 mm EP-G

可视化系统

可视化展示板

天花板：岩棉装饰吸音板 t=12 mm

活动空间

墙壁：GB-R t=12.5 mm AEP

多功能室

扶手：铝制氟素树脂烤漆涂刷

远距离BEMS
中央监控装置

阳台

地板：复合地板
保护混凝土层（地暖）

踢脚板：乙烯基踢脚板 h=60 mm
地板：方块地毯

外壁：丙烯树脂
独特外观装饰装修

硬质聚氨酯薄膜塑料喷涂 t=60 mm

天花板：硅酸钙板 t=6 mm EP-G
外壁：混凝土清漆涂刷
墙壁：GB-R t=12.5 mm AEP

天花板：GB-R t=9.5 mm AEP

天花板：GB-R t=9.5 mm AEP

硬质聚氨酯薄膜塑料喷涂 t=60 mm

天花板：硅酸钙板 t=6 mm EP-G
顶脚线：铝制

停车场   人行道   通用入口

紧急卫生间

地板：沥青铺装

换鞋间
地板：瓷砖

大厅
地板：用刷子打毛

玄关

上框：SUS HL
地板：方块地毯

上框：花岗岩剖光
地板：花岗岩JB

地板：花岗岩JB
地板线脚：SUS制 FB=6 mm

支柱（车道）

浸水除雪设备

地板：沥青铺装

紧急排水槽

紧急排水槽

锥形槽底

聚苯乙烯泡沫塑料保温板 t=15 mm

配管坑

防潮板 t=0.15 mm

▽护墙顶端 1000
▽6RFL 3000
▽护墙顶端 1050
▽6FL 700
▽5RFL
3150
▽5FL
3250
▽4FL
2150
▽护墙顶端 700
▽3FL 400/1100
3300
▽2FL
3900
▽1FL

剖面详图　比例尺1:150

考虑海啸因素，1层主要采取支柱架空形式构建，器械间设置水密门

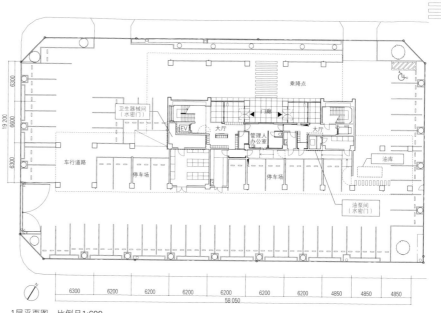

卫生器械间（水密门）
乘降点
EV   大厅   门廊   大厅
管理人办公室
车行道路
停车场
停车场
油库
油泵间（水密门）

19.200   6300 6600 6300

6300 6200 6200 6200 6200 6200 6200 4850 4850
58.050

1层平面图　比例尺1:600

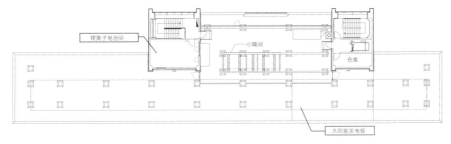

锂离子电池间

小隔间

仓库

太阳能发电板

屋顶平面图

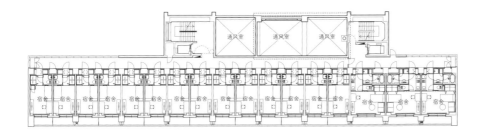

通风室　通风室　通风室

宿舍 宿舍 宿舍 宿舍 宿舍 宿舍 宿舍 宿舍 宿舍 宿舍 宿舍 宿舍 宿舍 宿舍 宿舍 宿舍 宿舍 宿舍

5层平面图

上：屋顶安装太阳能板
下：锂离子蓄电池

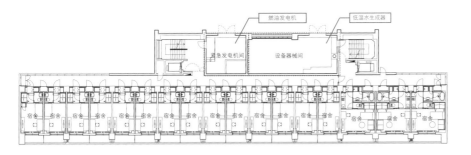

燃油发电机

低温水生成器

紧急发电机间

设备器械间

宿舍 宿舍 宿舍 宿舍 宿舍 宿舍 宿舍 宿舍 宿舍 宿舍 宿舍 宿舍 宿舍 宿舍 宿舍 宿舍 宿舍 宿舍 宿舍

4层平面图

上：燃气发动机热电联产系统/中：2层大型浴场。
灾害发生时向当地居民开放/下：活动空间内配
置可视化展示板

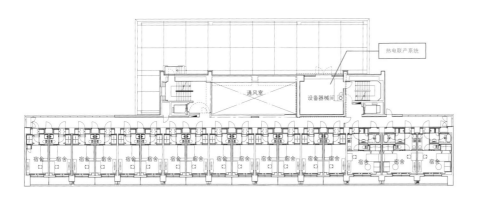

热电联产系统

通风室

设备器械间

宿舍 宿舍 宿舍 宿舍 宿舍 宿舍 宿舍 宿舍 宿舍 宿舍 宿舍 宿舍 宿舍 宿舍 宿舍 宿舍 宿舍 宿舍

3层平面图

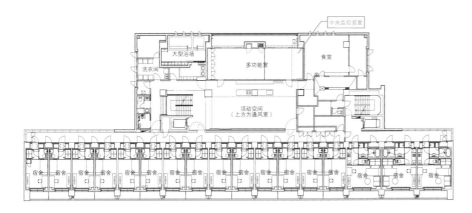

中央监控装置

大型浴场

食堂

洗衣间

多功能室

活动空间
（上方为通风室）

宿舍 宿舍 宿舍 宿舍 宿舍 宿舍 宿舍 宿舍 宿舍 宿舍 宿舍 宿舍 宿舍 宿舍 宿舍 宿舍

2层平面图　比例尺1:500

利用燃气发动机热电联产系统及太阳能发电

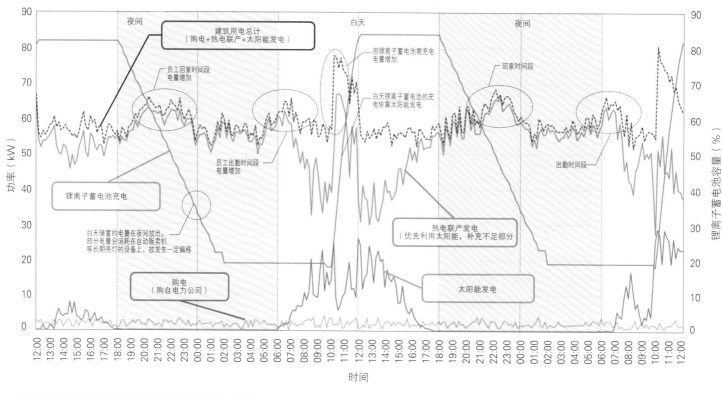

48小时数据 2013年8月20日（周二）~2013年8月22日（周四）

由图表可知，通过燃气发动机热电联产系统及太阳能发电，可将白天的购电量控制到数十千瓦以下。白天，太阳能板发电为锂离子蓄电池储存电量，为设施夜间用电量大的时段做好准备

将受电功率控制到零

利用天然气的燃气发动机热电联产系统设置在系统中心，为使该电力系统能够在灾害发生时兼具高度自主性和环保性，我们构建了一个由太阳能发电、紧急燃气发电机、锂离子蓄电池等多种电源组合而成的BCP对应性微型电网。通常情况下，燃气发电机在优先利用来自太阳能发电的电力时，受电功率基本会被自动控制输出为零。在电量负荷较少的上午，它可对锂离子蓄电池进行充电，到了夜间，锂离子蓄电池放电以减轻供电负荷。停电时，由燃气发电机和太阳能发电联动作业，能够保障整个建筑的电力供应。此外，灾害发生时，即使在基础设施全部不可用的情况下，轻油燃料能够确保七天以上电源的正常使用。另外，通过采用LED照明和自然换气系统等节能技术，与同等规模的设施相比，二氧化碳排放量削减30%以上。

系统利用实际效果（48小时数据）

图表显示出该系统在夏季电量最高时期（48小时）的运作情况。上午约7时起，太阳能发电系统开始工作，根据其发电量，热电联产发电机的输出功率能够进行自动调整。上午10时起，锂离子蓄电池开始充电。包括用于充电的电量在内，建筑所使用的电力几乎全部归功于太阳能和热电联产，白天几乎无需从电力公司购买电量。

（小岛义包/大林团队）

在2层活动空间和食堂的旁边，设置多功能室，配有中央监控装置

所在地：新潟县上越市东云町2-1-50
主要用途：寄宿宿舍
所有人：国际石油开发帝石有限公司
设计————
基本设计·监修·监管：NTT FACILITIES
建筑负责人：北村达郎　古畑顺也
结构负责人：二宫利文　千叶大辅
设备负责人：金子英树　滨本一成　川口明伸
电力负责人：铃木辰则　石田修一　高岛健志
监管负责人：加藤正敦　佐伯圭彦　岩田雅次
　　　　　毛利公祐*（*原职员）
实施设计　大林团队一级建筑师事务所
总负责人：井出昭治
建筑负责人：石川正树　田中聪
结构负责人：西村胜尚　芹泽丈晴　佐藤卓生
设备负责人：山本雅洋　木村刚　吉川贵雄
电力负责人：小岛义包　畑中裕纪
施工————
建筑：大林团队北陆分店
　　负责人：前田严　片山登喜男
　　　　　岩尾洋一郎　白石阳一
　　　　　池田庆治
空调·卫生：菱机工业
电力：关电工
规模————
用地面积：2288.85 m²
建筑面积：946.92 m²
使用面积：3384.05 m²

电力来源使基础设施不可用时的自主运作成为可能

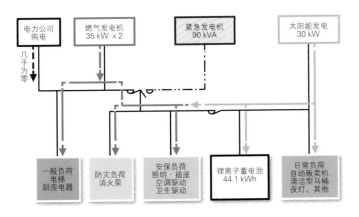

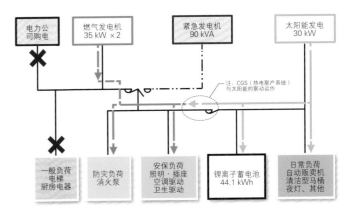

电力公司正常状态下的白天用电模式

一般情况下，可由燃气发电机热电联产系统（CGS）及太阳能发电进行供电。可将从电力公司购买电量控制到零。（详见162页图表）

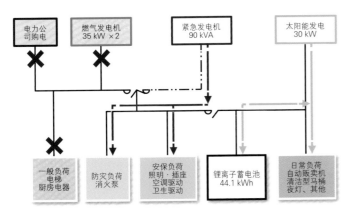

电力公司停电状态下的DEG自主模式

电力公司的电力、燃气同时不可用时，启动以轻油作为燃料的紧急发电机（DEG），可连续七天向照明、插电板及防灾据点室的空调提供电力。来自太阳能发电的电力，除可用于自动贩卖机、夜灯等日常使用场所外，还可用于锂离子蓄电池的充电工作。

电力公司停电状态下的CGS自主模式

当由于灾害导致电力公司停止供电时，在燃气供给尚未中断的情况下，同样可以由燃气发电机热电联产系统（CGS）及太阳能发电进行供电。

注：一般情况下，由于难以控制太阳光的急剧变化，电力公司停止供电时，CGS和太阳能发电会在各自独立的系统下运作。现在，因为锂离子蓄电池的存在，停电状态下的CGS与太阳能联动运作成为可能。这样一来，在优先利用太阳能的同时，还能够对CGS的输出功率进行调整，从而实现对可再生能源的有效利用。 （小岛义包/大林团队）

BCP对应型微型电网的运作

通常，该设施会最优先利用太阳能这一可再生能源进行发电，并通过燃气发电机来补充电力。将从电力公司购买的电量自动控制到零。在电量消耗增加的夜间，利用白天完成充电的锂离子蓄电池削减用电负荷。

即使是停电状态下，燃气供给未中断时燃气发电机也能持续运作。在优先利用太阳能发电的同时，几乎可满足建筑全部的用电负荷。

当灾害发生，电力及燃气等同时不可用的情况下，启动以轻油为燃料的紧急发电机，能够连续七天给照明、插电板、防灾据点室的空调供电。通过协调控制太阳能发电和蓄电池，能够持续对日常使用电源进行电力供给。

（小岛义包/大林团队）

1层：740.57 m² /2层：852.90 m²
3层：557.76 m² /4层：619.69 m²
5层：525.31 m² /6层：87.82 m²
建蔽率：41.38%（容许值：90%）
容积率：126.70%（容许值：300%）
层数：地上6层

尺寸
最高高度：21 915 mm
房檐高度：20 915 mm
楼梯高度：1层：3900 mm /2层：3300 mm
　　　　　3·4层：3250 mm
　　　　　5层：3150 mm
顶棚高度：室内高度：2400 mm
　　　　　活动空间：5400 mm
主要跨度：6200mm × 6300mm

用地条件
地域地区：近邻商业地区　防火地区
道路宽度：北 15.950 m　西 6.60 m
　　　　　南 8.980 m
停车辆数：42辆

结构
主体结构：钢筋混凝土结构
桩·基础：桩基础

设备
环境保护技术
热电联产系统（35kW × 2 台）
太阳能发电设备（30 kW）
锂离子蓄电池（44.1 kWh）
LED照明　井水利用
排热投入型吸收式低温水生成器
蓄热槽　自然换气系统　Low-E 玻璃
BEMS　待机电力控制

空调设备
空调方式：中央供热（外部气体处理+公用冷暖气+宿舍地暖）
单独供热（宿舍空调）
热源：排热投入型吸收式低温水生成器
　　　（80RT×1台）　气冷热泵空调

卫生设备
供水：加压供水方式（自来水）　高架水槽方式（杂用水）
热水：中央循环方式
排水：污水、杂排水合流式

电力设备
供电方式：高压供电
设备容量：420 kVA
额定电力：约 30 kW
预备电源：应急发电机90 kVA

防灾设备
防火：室内消防栓
排烟：自然排烟
其他：火灾自动报警设备　应急照明　避雷保护设施
升降机：乘用电梯（9人·60 m/min）×2台
特殊设备：融雪设备　除雪设备　地暖设备
　　　　　浴室干燥设备　紧急地震报告设备

工期
设计期间：2011年8月～2012年4月
施工期间：2012年5月～2013年3月

外部装饰
外墙：国代耐火工业所　SK化研
开口部：三协立山

内部装饰
宿舍

地板：永大产业
墙壁·顶棚：SANGESTU

活动空间
地板：TO小笠原
墙壁：名古屋MOSAIC-TILE
顶棚：理研工业

多功能室
地板：TAZIMA
顶棚：吉野石膏

大型浴场
地板：信越石材工业
墙壁：LIXIL
顶棚：SHINWA

——摄影：日本新建筑社摄影部

古畑顺也（HURUHATA·JUNYA）
1971年出生于长野县/1995年毕业于东京工业大学工学院建筑系/1997年获得东京工业大学研究生院硕士学位/1997年就职于NTT FACILITIES /现任NTT FACILITIES东海分店建筑设计科科长

石田修一（ISHIDA·SYUICHI）
1977年出生于石川县/1997年毕业于石川工业高等专业学校电气工学系/1997年就职于NTT FACILITIES/现属NTT FACILITIES建筑事业总部设备工程部

田中聪（TANAKA·SATOSHI）
1964年出生于北海道/1989年毕业于北海道大学工学院建筑工学系/1989年就职于大林团队/现属大林团队建筑设计部

小岛义包（KOJIMA·YOSHIKANE）
1965年出生于大阪府/1988年毕业于同志社大学工学院电气工学系/1988年就职于大林团队/1998年获得英国克兰菲尔德大学研究生院机械工学院硕士学位/现任大林团队设计总部设备设计部副科长

传承历史的集体住宅
GATE SQUARE 小杉营地町

设计施工　竹中工务店
所在地　神奈川县川崎市
GATE SQUARE KOSUGIJINYACHOU
architects: TAKENAKA CORPORATION

中原街道视角。该项目是为江户时代建造的房家正房遗址的土地活用计划。该处是由出售楼"THE RESIDENCE"、出租楼"THE KAHALA"和中庭"KAHALA GARDEN"构成的钢筋混凝土结构的5层集体住宅。在推进本计划的同时，我们继承了亩前所看到的代代相传的营地町，保留在用地上的神社、原有树木和石碑等历史的痕迹。门和建筑物之间修建了"JINYAMON PLAZA"，外部人员同样可以进入，门旁边可见介绍房家和地区历史文化的长廊。

传承历史，提高地域同一性

"GATE SQUARE小杉营地町"是江户时代建造的原家正房遗址的再开发工程。此处曾经设置过兵营，并以此为中心发展成为小杉营地町。

"THE KAHALA"（出租楼）和三井不动产住宅用"THE RESIDENCE"（出售楼）围绕"KAHALA GARDEN"（中庭）而建。原家的正房总体上采用榉树建造，非常庄严，现在作为川崎市重要历史文物迁移至川崎市立日本民家园中。用地中沿着作为街区发展根基的中原街道，零散分布有营地门、神社、库房、石景和树龄超过300年的神木等原有树木。规划之初，将20 m高的原有树木移植到了规划用地的重要地点。

建筑外观方面，设计沿袭迁移至日本民家园的正房的大瓦房顶、黑泥灰墙壁以及房檐的风格。外部装修使用琉璃瓦和保留着工匠们手工制作痕迹的石胎瓷质瓷砖，并随处可见进行再利用的原有库房的基石——小松石。

入口处的大房檐、阳台的前端和扶手的细节以及木纹的天花板都展现出旧正房具有的水平方向的匀称性和细腻之处。用地外围将原有的门进行移用，修建现存仓库的大门和展示历史文化的长廊，旨在与中原街道沿线的兵营门、神社一道传承历史，同时创造出新的街道景观。另一方面，以两位艺术家（三泽宪司、岗本觉）的作品为中心建造中庭。旨在以现代的感性唤醒留存至今的树木和景石，并且将其传递给子孙后代。借助庭院创造出这里独有的风光秀丽、绿意盎然的居住环境。另外，将已有300年树龄的榉树砍伐，虽然不能移植，但是将其伫立在"THE KAHALA"入口大厅，使其作为神木继续守护着这片土地。

土地的历史是街道宝贵的财富。希望能够通过积极活用该土地遗留下来的历史遗产，进一步提高街道和地区的同一性，为激活街道活力贡献自己的力量。

（筱崎淳／竹中工务店）

（翻译：周双春）

西侧道路视角。用地外围是充分利用原有树木的植被区。通过"JINYAMON PLAZA"可以看到营地门

从中庭看向入口大厅。左侧是出租楼，右侧是出售楼。出租楼在共用走廊下侧，出售楼面向住户的一侧。中庭视野开阔

西侧道路视角。首先映入眼帘的是原有树木。将建筑物后缩，修建了小路（KAHALA 小路），向当地居民开放。深处可见武藏小杉站周边的超高层住宅

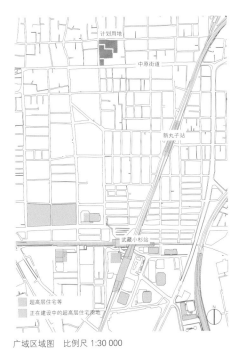

广域区域图　比例尺 1:30 000

从出售楼3层住户阳台看向出租楼入口大厅

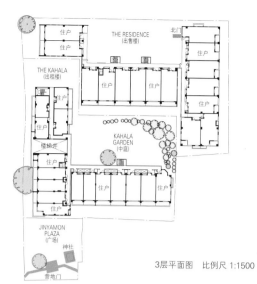

3层平面图 比例尺 1:1500

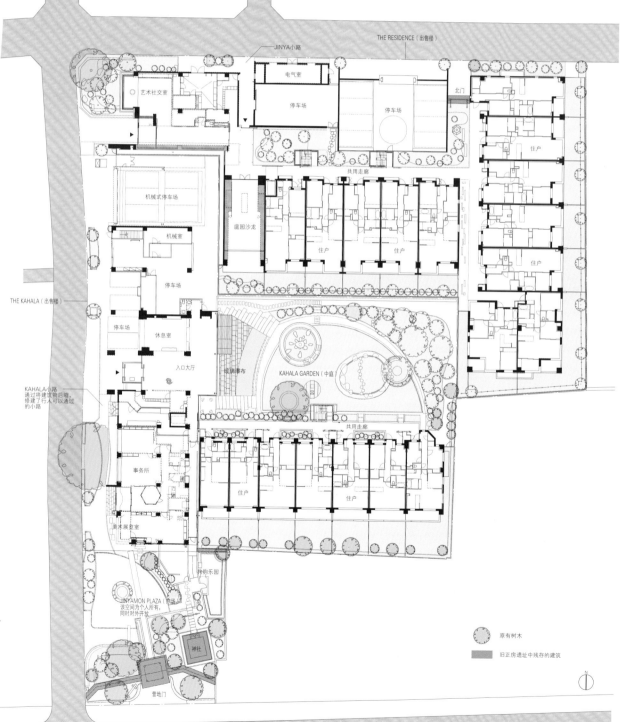

1层平面图 比例尺 1:600

中原街道

从出租楼入口大厅看向中庭。右侧近处可以看到木质艺术品，利用原有的树龄300年的榉树制作而成，由于原树无法移植，进行砍伐后就地利用。左侧是公用休息室

从西侧道路看向出租楼的入口处。外部装修使用琉璃瓦和保留着工匠们手工制作痕迹的石胎瓷质瓷砖

出租楼共用走廊。左侧是楼梯井空间。扶手镶嵌玻璃，体现了和中庭的连续性。地板是木纹格调，外部装有聚氯乙烯薄板。顶棚高2600 mm

出租楼入口视角。外观设计注重水平方向的舒展性。入口处的大房檐上方设置楼梯井将风吹向中庭

出售楼1层共用走廊。深处是原有的北门。左手边可以看到使用原有石景的内庭。走廊的雨水流入砂石处，提高了内庭和走廊的一体性

上：出售楼1层庭园沙龙。深处可看到中庭，这里可以欣赏绿意盎然的风景/下：出售楼1层流动走廊。配合出售楼和出租楼设计，创造建筑物整体的统一感。右侧深处是庭园沙龙

左：从出租楼的事务所看向营地门。窗户的格子是对原有库房的再利用/右：美术画廊。融入了当地的历史以及文化元素

传承历史，创造地区的同一性

采访原正氏人/原经营者（所有人）——

·请您讲述一下当时是如何选择这块土地，以及历史继承的经过。

用地前面的中原街道是中世纪建成的古道。中原街道沿线曾经是该地区文化繁荣的中心地带，从江户时代起大约400年间，原家在这个地带通过经商和政治为地区社会做出了诸多贡献。在这次建设规划中，充分利用用地中遗存的一代代主人建立的神社、大门、库房、石景、灯笼、欣赏用盆景等，设置了很多描绘有该地区历史以及文化元素的"面影雪洞灯"。我作为第12代户主的职责不仅是继承这片土地，还有将地方的文化、历史以及街区为之自豪的精神传递给下一代，这是我所承担的使命。

·为什么要活用这片土地？

第11代户主将旧正房移至川崎市日本民家园，同时将旧址修建为出租住宅。在此基础上，我们探索了继承历史原貌的最佳方法，从而决心开展本次事业。一般而言，在寻找住所时，选择适合自己的入住空间之前，要决定是"买房入住"还是"租房入住"，在这之中可能会让人难以定夺。其实并不一定要这样，只要是自己满意的住宅，无论是"买房入住"还是"租房入住"，只要是符合自己生活方式就可以，我们的理想是建造这种住宅。这样一来，在这里居住的人们，可以根据自己的生活水平来选择是租房还是买房，期待在这个过程中可以带动该地区的活性化发展。

·关于今后的继承和运用您是如何考虑的？

我们建立了外部的人也可以穿行的广场"JINYAMON PLAZA"。在举行当地节日（小杉神社例大祭）的时候，可以设置供酒处，让神轿从正门经过，使人们可以想起当年的那一段繁盛景象。另外，美术画廊今后会根据季节和时节对展示内容进行更新，并展示从日本民家园借来的收藏品。无论是该区的居民，还是来这里拜访的人，都能从中感受到历史的厚重感。

从出租楼5层楼顶房间看向武藏小杉方向。落地窗确保了眺望室外的视线。窗户是耐热强化双层玻璃

从出售楼2层看向中庭

同左。右侧是可移动间隔空间。地板是双层地板。顶棚高2400 mm

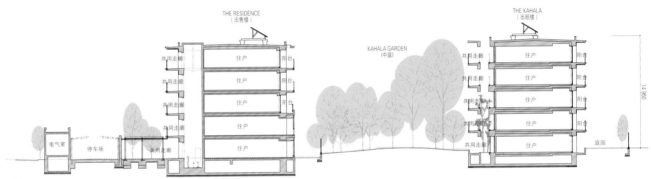

剖面图　比例尺1:500

THE RESIDENCE（出售楼）　KAHALA GARDEN（中庭）　THE KAHALA（出租楼）

共用走廊　住户　阳台　电气室　停车场　共用走廊　庭园　14 950

所在地：神奈川县川崎市中原区
主要用途：共同住宅
所有人：原经营者（用K表示）　三井不动产 residential（用R表示）

设计

设计・监理　竹中工务店
　建筑负责人：筱崎淳　土田千寻　桥本修[K]　岛厚宽[R]
　结构负责人：麻生直木　中根一臣　小仓史崇[K]　宍户觉[R]
　设备负责人：川原井大　村濑澄江
　监理负责人：神沼真美　植村裕子[K]　川田信一　坂井俊和　长沼克拓[R]　北原理惠子[R]
　企划基本设计：住宅空间研究所
　　负责人：吉井信幸
　公共部内饰设计：乃村工艺社A.N.D
　　负责人：小坂龙　宫里贵司
　原经营者事务所内饰设计：TAKUTOSUPE–SUKURIEITO
　　负责人：村上MIYUKI[K]
　外观：石胜exterior
　　负责人：待野健太郎
　艺术："平成巨石阵""方丈庭"其他：三泽宪司　冈本觉[K]　"寒暄自像"：三泽宪司[R]　"NAGISA（未来）"：冈本觉[R]
　照明：松下
　　负责人：牛尾德秀
　面影雪洞灯：WATZ
　　负责人：久野学
　长廊展示：art association
　　负责人：相原紫纳

施工

　建筑：竹中工务店
　建筑负责人：石渡铁藏　成田裕一　五十岚努　伊海亨　曾根原清[R]　菊地刚[K]　片平直也[R]

设备负责人：铃木宏彬
空调・卫生：竹中工务店（城口研究所）
电力：竹中工务店（浅海电气）

规模

用地面积：2987.20 m²[K]　2973.25 m²[R]
建筑面积：1379.46 m²[K]　1722.71 m²[R]
使用面积：5404.47 m²[K]　6490.11 m²[R]
1层：1209.67 m²[K]　1431.95 m²[R]
2层：1027.16 m²[K]　1385.60 m²[R]
3层：1026.51 m²[K]　1349.70 m²[R]
4层：1080.10 m²[K]　1178.66 m²[R]
5层：1049.03 m²[K]　994.98 m²[R]
停车场12.00 m²[K]
副楼：153.08[R]
建蔽率：46.179%（容许值：60%）[K]　57.940%（容许值：70%）[R]
容积率：155.760%（容许值：202.700%）[K]　198.849%（容许值：200%）[R]
层数：地上5层

尺寸

最高高度：14 950 mm[K]　14 980 mm[R]
房檐高度：14 550 mm[K]　14 580 mm[R]
层高：2915 mm
顶棚高度：起居室2400 mm
主要跨度：14 800 mm×6200 mm[K]　11 000 mm×6200 mm[R]

用地条件

地域地区：第1种中高层居住专用区　临近商业地域　第2种高度地区
道路宽度：西5.5 m[K]　西6.0 m[R]
停车辆数：30辆[K]　27辆[R]

结构

主体结构：钢筋混凝土结构
桩・基础：木桩地基

设备

环保技术

太阳能发电设备：3.5 kW[K]・5kW[R]
蓄电池设备：4.5 kWh[R]

CASBEE A级

空调设备

空调方式：天花板嵌入式　地板直吹式[R]
热源：空气源热泵

卫生设备

供水：直接加压供水方式
热水：局部供热水方式　局部方式（住户：燃气・共用：电气）[R]
排水：用地内分洗方式[K]　集合管　合流方式（用地内分流）[R]　雨水储存槽[R]

电力设备

供电方式：高压供电（共用）・集体住宅用变压器（住户）[K]　高压供电（统一供电）[R]
设备容量：1 φ 75kVA・3 φ 75kVA（共用）　1 φ 250 + 50 kVA（住户）[K]　1 φ200 kVA + 50 kVA　3 φ75kVA[R]
额定电力：初始40 A（最大60 A）（住户）[K]　（最大60 A）（住户）[R]
预备电源：无[K]　蓄电池设备4.5 kWh[R]

防灾设备

消防：室内消防栓　移动式粉末灭火　灭火器
排烟：无其他：自动火灾报警设备　紧急照明引导灯 ITV 摄像机
升降机：无机舱式・13人用（900 kg）×60 m/min×1台
特殊设备：水景设施设备[K]　防灾井[K]　横行升降式机器停车26辆（EV用车插座×2处）[K]　EV用车插座[R]　垃圾处理设备[R]　简单升降式机器停车24辆（EV用车插座×2处）[R]

工期

设计期间：2012年7月～2013年11月[K]　2013年1月～2014年3月[R]
施工期间：2013年11月～2015年3月[K]　2014年3月～2015年7月[R]

外部装饰

屋顶：Sekino兴业[K]
外壁：织部制陶　SK化研
扶手：立山铝工业
开口部：LIXIL 三和SHUTTER 工业股份有限公司
外观：积水树脂股份有限公司[K]　太平洋 PUREKON工业 TAKAO[R]

内部装饰

地面：TAPPANKOSUMO
墙壁・顶棚：Sangetsu

主要使用器械

卫生陶器・浴缸：TOTO
厨房・洗脸盆：Takara Standard

单元面积

户数：72户[K]　66户[R]
住户可用面积：42.52 m²～93.45 m²[K]　78.46 m²～93.85m²[R]

——摄影：日本新建筑社摄影部

筱崎淳（SHINOZAKI・JUN）
1968年出生于神奈川县/1991年毕业于早稻田大学理工学院建筑学专业/1993年获得早稻田大学硕士学位，之后就职于竹中工务店/现任竹中工务店东京总店设计部第5部门设计1组组长

理事单位火热招募中！

《景观设计》杂志拥有广泛全面的发行渠道，全国各地邮局均可订阅，新华书店及大部分大中城市建筑书店均有销售，可有效递送至目标读者群。客户可以设计新颖、内容独特的广告页面，宣传企业形象，呈现公司理念，彰显设计魅力。

加入《景观设计》理事单位，您将享受：

- 杂志扉页上刊登公司的名称、地址、LOGO 等相关信息，并在杂志官方网站首页免费做一年的图标链接宣传；
- 在杂志官方网站及新媒体上刊登公司的动态信息；
- 全年可获赠 6P 广告版面，获赠《景观设计》样刊；
- 推荐一人担任本刊编委，并可免费参加我社组织召开的年会等相关活动；
- 可优先发表符合本刊要求的项目案例；
- 我社将不定期组织参加行业内的各项活动、学术交流及考察，理事单位可享受一定优惠；
  ……

更多详情可致电 0411-84709075 咨询
欢迎您加入我们，与我们携手共进，一同推动景观行业不断发展！

2

2016.11 ～ 2017.6

中国景观设计大奖

LANDSCAPE DESIGN
AWARDS OF CHINA

联系方式

网　站：www.landscapedesign.net.cn
邮　箱：landscape@dutp.cn（作品上传至此邮箱）
电　话：0411-84709075 / 9035
联系人：曹静宜
地　址：辽宁省大连市高新技术产业园区软件园路 80 号理工科技园 B 座 1104 室（116023）

新浪微博
weibo.com

 微信